Erhard Maria Klein

Wesensgemäße Bienenhaltung in der Bienenkiste

Gedruckt auf
100% Recyclingpapier

Erhard Maria Klein

Wesensgemäße Bienenhaltung in der Bienenkiste

Lernen von der Natur – Imkern mit Respekt

pala verlag

In Erinnerung an meinen Vater Wolfgang Klein, der mich stets ermutigt hat, meiner Neugier und meinen Interessen zu folgen.

Inhalt

Anhang

Vorwort

»Halten Sie sie ruhig fest, sie kann nicht stechen.« Das klang ein bisschen nach: »Der will nur spielen!« Aber Erhard Maria Klein hatte natürlich recht. Der »Erfinder« der Bienenkiste hatte mir schließlich keine Arbeiterin, sondern eine Drohne in die hohle Hand gesetzt. Das kräftige Bienenmännchen mit den scheinwerfergroßen Facettenaugen und dem Schmusepelz surrte wie ein Minimotor zwischen meinen Fingern umher und schwirrte verdutzt davon, als ich es losließ. Drohnen haben in der Tat keinen Stachel. Das war nur eines von vielen Dingen, die ich lernte, als ich an einem warmen Frühsommertag gemeinsam mit einer Kollegin zum ersten Mal Herrn Klein und seine Bienen besuchte. Wir recherchierten, was es mit diesen Bienenkisten auf sich hatte – und fanden uns in einer eigenen Welt wieder: der Oase von Herrn Klein.

Sein Schrebergarten duckt sich in einer Art Hamburger Niemandsland zwischen Autohäuser und Baumärkte. Lastwagen, die das Summen Hunderttausender Bienen übertönen, donnern an der Kolonie vorbei. Hinter einer rotbraunen Holzlaube gleich neben einem Gewächshaus »liegen« fünf der langgezogenen Beuten, die den gesamten Bien in einem einzigen Raum versammeln wie in einem umgestürzter Baum. Kein Mensch würde hier die Brutzelle der Bienenkiste vermuten, die Zehntausende zu anders wirtschaftenden Kleinst-Imkern gemacht hat – zu Bienenkistenimkern. Wie Goldklümpchen schwirren die Sammlerinnen im Sonnenlicht den umliegenden Gärten entgegen. Und vor dem Hintergrundrauschen der Gewerbewüste entfaltet sich so etwas wie Ruhe. Ein Naturidyll?

Sicher nicht. »Was ist schon natürlich«, würde Herr Klein fragen – und er hätte natürlich wieder recht.

Erhard Maria Kleins Betriebsweise zollt einem Wesen Respekt, das uns als Insekt so fremd ist, als käme es von einem anderen Planeten, und das uns als Gesamtorganismus so sehr ähnelt, dass seine Schwarmintelligenz sogar mit der Arbeitsweise unseres Gehirns verglichen wird. Der blühenden Stadtimkerei, zu deren Pionieren Klein ohne Zweifel zählt, geht es nicht um eine falsch verstandene Verzärtelung, die um jede tote Biene trauert, aber das Volk vernachlässigt. Es geht ihr nicht um eine irrationale Naturromantik, sondern um ein Denken in modernen Zusammenhängen und Kreisläufen. Eine Natur, deren Teil selbstverständlich auch Städte sind – und der Mensch. Wenn Erhard Maria Klein mit der Bienenkiste auch nach einer neuen Rolle für uns in diesem Gefüge sucht, so kann man diese vielleicht so beschreiben: beobachten, staunen, lernen, Verantwortung übernehmen – und sich nur in den Grenzen des Regenerierbaren bedienen. Um der Bienen und um unseretwillen. Denn eine Welt, in der sich so robuste Geschöpfe nicht mehr wohlfühlen, könnte auch für uns auf Dauer ungemütlich werden. So ist es ein Glück, dass der Rat für Nachhaltige Entwicklung dieses Konzept der wesensgemäßen Bienenhaltung zu einer der hundert einfallsreichsten Nachhaltigkeitsinitiativen 2015 gekürt hat.

Das vorliegende Buch ist weit mehr als ein Leitfaden, es ist eine Hilfe auf der Suche nach dem eigenen Weg. Klein taucht ab in die Geheimnisse des Bienenstaates sowie wilder Bienenvölker und erklärt so nicht nur das Wie, sondern vor allem das Warum einer wesensgemäßen Haltung in der Bienenkiste. Dennoch kommen praktische Tipps nicht zu kurz. So ausgerüstet, hätte ich längst eine Bienenkiste, wenn mein Balkon nicht so winzig wäre.

Katja Morgenthaler
(Greenpeace Magazin)

Einladung zum Dialog

»Wir sind nicht auf der Erde, um ein Museum zu hüten, sondern um einen Garten zu pflegen, der von Leben blüht und für eine großartige Zukunft bestimmt ist.«

Papst Johannes XXIII

Um das Thema »selbst Bienen halten« ist in den letzten Jahren ein wahrer Hype entstanden. Das Bienenkisten-Projekt war daran sicher nicht ganz unschuldig. Wir waren vor rund zehn Jahren die Ersten, die erkannt hatten, dass eine zeitgemäße Freizeit-Bienenhaltung anders aussehen muss als die eher landwirtschaftlich geprägte konventionelle Bienenhaltung. Das alternative Konzept der Bienenkiste kann mittlerweile schon fast als etabliert angesehen werden. Zehntausende Menschen konnten darüber in den letzten Jahren für die Bienenhaltung begeistert werden und sind selbst Imker geworden. Viele weitere Initiativen und Projekte sind neu entstanden. Begriffe wie »wesensgemäße Bienenhaltung«, »extensive Bienenhaltung«, »naturgemäße Bienenhaltung« und Ähnliches sind in aller Munde. Auch die Berichterstattung in den Massenmedien über das

»Bienensterben« hat einen wichtigen Anteil daran gehabt: Alle sind besorgt um die Bienen, alle meinen es gut.

Viele Menschen haben den Schritt gewagt und haben sich ein Bienenvolk zugelegt – in der Bienenkiste oder auch in einem anderen Beutensystem. Die konventionelle Imkerschaft sieht dies zum Teil mit Skepsis und Besorgnis. Der Generationenwechsel und die neuen Ideen und Werte, die zum Teil mit der neuen Imkerbewegung verbunden sind, werden nicht immer verstanden und akzeptiert. Wir machen es ihnen aber auch nicht immer leicht: Nicht selten ist die Begeisterung für die extensive Bienenhaltung mit einem Habitus der »Weltverbesserung« verbunden. Man hält sich für den besseren Imker, ohne überhaupt schon eigene Erfahrungen gesammelt zu haben.

Neben solchen zwischenmenschlichen Problemen, die oft auf mangelnden gegenseitigen Respekt zurückgeführt werden können, gibt es die Sorge, dass diese neuen Imker nicht mit der nötigen Ernsthaftigkeit und Fachkunde zu Werke gehen. Man befürchtet, dass Bienenvölker als Modetiere angeschafft werden – wie Hunde zu Weihnachten, die dann in den nächsten Sommerferien »an der Autobahn« ausgesetzt werden – oder dass die Anfänger mit ihren Bienenvölkern überfordert sind und so der Verbreitung von Bienenkrankheiten Vorschub leisten.

Mein Buch »Die Bienenkiste« ist ein praxisorientierter Leitfaden, der alle Informationen für einen erfolgreichen Beginn der Bienenhaltung in der Bienenkiste enthält. Die extensive, wesensgemäße Art der Bienenhaltung, die Mellifera e. V. lehrt, habe ich – allein schon aus Platzgründen – darin nicht ausführlicher reflektiert und entfaltet. Wer aber langfristig erfolgreich Bienen in der Bienenkiste halten will, sollte dieses wesensgemäße Verständnis des »Biens« verinnerlicht haben und aus dieser Haltung heraus Erfahrungen sammeln und selbstständig Entscheidungen treffen.

Man kann langfristig nicht nach einem Leitfaden wesensgemäß imkern – das Imkern nach einem starren Leitfaden ist ja gerade einer unserer zentralen Kritikpunkte an der konventionellen Imkerei. Glücklich schätzen kann sich, wer einen guten Lehrer hat oder an inspirierenden Kursen teilnehmen konnte. Solche Erfahrungen aus persönlichen Begegnungen können kein Buch, keine Website und kein Internet-Video vermitteln.

Leider hat nicht jeder das Glück und die Möglichkeit, einen guten Lehrer zu finden. Ich möchte daher mit diesem Buch rund um die Bienenkiste einen kleinen Beitrag leisten, um zu vermitteln, was ich unter »wesensgemäßer Bienenhaltung« verstehe und wie das praktisch in der Betreuung unserer Bienenvölker umgesetzt werden kann.

Der Begriff »wesensgemäße Bienenhaltung« ist erklärungsbedürftig. Was bedeutet das eigentlich, warum nicht »naturnah« oder »ökologisch«? Wir werden uns anschauen, wie ein wildes Bienenvolk natürlicherweise lebt. Inwieweit dieses »natürliche« Leben für unsere Bienenhaltung Maßstab und Ideal sein kann, werden wir kritisch hinterfragen und Kriterien für eine wesensgemäße Bienenhaltung entwickeln.

Der zweite Teil des Buchs widmet sich der Praxis: Wie beurteilen wir den Zustand unserer Bienenvölker? Wann ist es notwendig, einzugreifen, wann können wir auf den Lauf der Natur vertrauen? Wie kann ich auf Probleme angemessen reagieren? Ist es normal, dass Bienenvölker sterben? Wie kann ich das verhindern oder was kann ich daraus lernen, wenn es passiert?

Das Buch richtet sich also vor allem an Menschen, die sich mit den Fragen der extensiven, wesensgemäßen Bienenhaltung beschäftigen, und insbesondere an Bienenkisten-Imker, die ihre Kenntnisse vertiefen wollen. Ich hoffe, dass es auch zum gegenseitigen Verständnis zwischen konventionellen und alternativen Imkern beiträgt.

Wenn ich Begriffe wie »konventionelle Bienenhaltung« oder »konventioneller Imker« verwende, dann meine ich damit den Archetyp einer Bienenhaltung als landwirtschaftliche Produktionsweise, die heute weltweit immer noch Standard ist. Ich verbinde mit dem Begriff aber kein Werturteil. Mir ist klar, dass die Welt komplex ist und dass die meisten Imker ihre Bienen lieben und versuchen, verantwortungsvoll mit ihnen umzugehen. Aber die Welt wandelt sich und mit ihr auch die Bedingungen, unter denen wir Bienen halten, unsere Werte und Erwartungen. Die Art der Bienenhaltung, die ich am Anfang meines Weges mit den Bienen in einem konventionellen Imkerkurs kennengelernt habe, ist nicht meine. Ich habe später dann die wesensgemäße Bienenhaltung für mich entdeckt und lieben gelernt, und ich möchte meine Erfahrungen und Gedanken dazu in diesem Buch mit Ihnen teilen.

Ich verstehe dieses Buch als Diskussionsbeitrag. Mir ist sehr wichtig, gleich zu Anfang deutlich zu betonen, dass es nicht *die* richtige Art der Bienenhaltung gibt. Meine Erwägungen sind auch mit keiner Moral verbunden. Es geht mir nicht darum, ob eine bestimmte Art der Bienenhaltung besser ist als eine andere. Ich möchte meine Sicht auf das Lebewesen Bien vorstellen und begründen. Vielfalt ist ein Schöpfungsprinzip – nicht nur in der Natur, sondern auch im Reich der menschlichen Ideen und Weltanschauungen.

Wesensgemäße Bienenhaltung

»Wesensgemäße Bienenhaltung geht von der Erkenntnis aus, dass das Bienenvolk einschließlich seiner Waben ein Organismus ist, und respektiert »den Bien« in der Tradition Rudolf Steiners und Ferdinand Gerstungs als ein Ganzes. Das drückt sich insbesondere in der Wahrung der Integrität des Brutnestes, Naturwabenbau und Vermehrung über den Schwarmtrieb aus.«

Mellifera e. V.

In der Tierhaltung spricht man üblicherweise von »artgerecht«, wenn man damit zum Ausdruck bringen will, dass man besonders auf die natürlichen Bedürfnisse und Lebensbedingungen eines Tieres eingehen will. In der Nutztierhaltung wird auch der Begriff »ökologisch« verwendet. Er bringt zum Ausdruck, dass sich die Tierhaltung in einen ökologischen Kreislauf einfügt, dass das Tier unter anderem Nahrung zu sich nimmt, Raum beansprucht und Ausscheidungen hat. Es gibt also vielfältige Wechselwirkungen zwischen jedem Lebewesen und seiner Umwelt. Wer Tiere unter ökologischen Gesichtspunkten hält, versucht neben den Bedürfnissen des Tieres auch das *gesamte Ökosystem* im Blick zu behalten.

Interessanterweise spielen diese beiden Begriffe bei der Bienenhaltung kaum eine Rolle, wenn man sich von der konventionellen Bienenhaltung abgrenzen will. Aktuelle Bücher zum Thema tragen Titel wie »Bienen naturgemäß halten«, »Natürlich imkern in Großraumbeuten« oder »Imkern in der Oberträgerbeute: Natürlich, einfach, anders«. Daneben tauchen in der öffentlichen Diskussion Begriffe wie »naturnah«, »extensiv« und »wesensgemäß« auf. Der Gebrauch all dieser Begriffe erscheint relativ willkürlich und keinesfalls klar voneinander abgegrenzt. Sie werden ein Stück weit synonym verwendet und jeder füllt sie für sich selbst mit Bedeutung. Diese Begriffsunschärfe ist für mich ein Zeichen dafür, dass die Dinge nicht wirklich klar sind und oft nicht zu Ende gedacht wurden. Es ist symptomatisch, dass der relativ unscharfe Begriff »Natur« bei der Bienenhaltung zurzeit in Mode ist. Eine heute wieder populäre Naturromantik trägt ihren Teil dazu bei. Mit »Natur« ist dann oft ein ursprünglicher, nicht von Menschen geformter Lebensraum gemeint, eine »Wildnis«, in der alle Lebewesen harmonisch miteinander leben – eine Art Paradies. Man stellt sich Natur als etwas Statisches, Heiles vor, das erst der Mensch durch seine massiven Eingriffe ins Ungleichgewicht gebracht hat. Das ist zwar eine Sichtweise, die in dieser expliziten Form schnell als naiv und romantisierend entlarvt wird. Unbewusst tragen die meisten von uns dieses Bild aber trotzdem mit sich herum.

Auf der anderen Seite sprechen wir davon, wie grausam die Natur sein kann: Naturkatastrophen löschen das Leben ganzer Landstriche aus, Raubtiere verspeisen ihre Opfer bei lebendigem Leib. Und überhaupt: Die Natur sei ein einziges Fressen-und-gefressen-Werden. Man spricht vom *»survival of the fittest«*, was übrigens nicht bedeutet, dass der Stärkste sich durchsetzt, sondern der am besten (an eine sich permanent wandelnde Umwelt) Angepasste. Die Umwelt übt einen starken Selektionsdruck auf alle Lebewesen aus. Sie konkurrieren um begrenzte Ressourcen. Krankheiten und Schwäche werden unbarmherzig ausgemerzt. In der »unberührten« Natur stirbt man in der Regel nicht an Altersschwäche. Früher oder später geht man an einer Krankheit zugrunde, verhungert, verletzt sich oder wird gefressen.

Heute zählt es schon fast zum Allgemeinwissen, dass es »den Bienen schlecht geht«. Jeder hat schon mal etwas davon gehört, dass viele Bienenvölker sterben und dass es mittlerweile zu wenig Bienenvölker gibt. Der Begriff »Bienensterben« ist in aller Munde. Die Ursachen sind vielfältig, haben aber letztlich alle mit menschlichen Einflüssen zu tun. Neben der intensiven Haltungsform und einseitigen Zucht in der konventionellen Bienenhaltung sind es Parasiten und Krankheiten, die vor allem durch die Globalisierung über den gesamten Globus verbreitet wurden, Pestizide, eine verarmte Landschaft …

Bienen natürlich halten?

Die Popularität des Begriffs »Natürliche Bienenhaltung« versteht man erst vor diesem beschriebenen Hintergrund wirklich. Der Mensch hat alles durcheinandergebracht. An den Bienen, die an einer Schlüsselstelle im Ökosystem leben, wird es besonders deutlich. Was liegt näher, als das Motto »Zurück zur Natur« auszugeben? Das geht so weit, dass manche Imker ihre Bienen nicht mehr gegen die gefürchtete Varroamilbe behandeln wollen, die als einer der Hauptverursacher des Bienensterbens gilt. Mutter Natur soll es richten. Die Bienen sollen die Chance haben, selbst resistent zu werden.

Wenn wir uns die Geschichte der lebendigen Natur anschauen, muss man allerdings festhalten, dass es nicht von vornherein klar ist, dass sich eine Art erfolgreich an geänderte Umweltbedingungen (wie an die Varroamilbe) anpasst und wie lange das dauert. Weit über 99 Prozent aller Arten sind im Laufe der Evolution früher oder später ausgestorben. »Aussterben« ist genau genommen sogar das natürliche Ende einer jeden Art.

Wir verorten die Natur zumeist außerhalb der Städte und Siedlungen. Dort findet sich aber – abgesehen von den schwindenden Urwäldern und anderen Formen von Wildnis – eine stark vom Menschen geformte Kulturlandschaft. Anderseits ist die Artenvielfalt in Städten zum Teil höher als in eher landwirtschaftlich geprägten Landstrichen. Wir müssen den Menschen wieder als Teil der Natur begreifen. Jede Lebensform lebt in Wechselwirkung mit ihrer Umwelt und beeinflusst sie. Auch ohne menschliches Zutun hat es immer wieder umwälzende Prozesse in unserem Ökosystem gegeben, die das Gesicht der Welt komplett verändert haben. Alles steht in Wechselwirkung.

Sicherlich ist der Mensch für ein erhebliches Artensterben verantwortlich und beutet die natürlichen Ressourcen auf eine – vor allem für ihn selbst – ungesunde Art aus. Aber wir können den Menschen nicht von der Natur scheiden und wir sollten die Natur nicht nur außerhalb unserer Städte suchen. Diese sogenannte »integrative Naturauffassung« gewinnt in Naturschutz, Ökologie und Stadtökologie zunehmend an Bedeutung. Wenn wir heute die Natur schützen wollen, dann geht es eigentlich darum, ein Ökosystem mitzugestalten, das auch für den Menschen einen nachhaltigen Lebensraum bietet. Natur ist ein dynamischer Prozess und wir stecken mittendrin. Heute suchen wir nach einer neuen Rolle in diesem Prozess.

Menschen und Honigbienen verbindet eine lange gemeinsame Geschichte. Über viele Jahrtausende war der Mensch ein Honigräuber und hat wilden Bienenvölkern ihren Honig gestohlen. Zum Teil wurden die Völker dabei zerstört. Seit etwa 4000 v. Chr. werden Bienen auch in künstlichen Behausungen angesiedelt, um einfacher Honig zu ernten und mehr Bienenvölker betreuen zu können. Die ursprünglichen Bienenrassen waren lokal gut an die jeweiligen Umweltbedingungen angepasst. Mittlerweile wird die Europäische Honigbiene *(Apis mellifera)* überall auf der Welt gehalten. Sie hat zum Teil einheimische Arten verdrängt, zum Teil lebt sie neben den einheimischen Arten, und teilweise wird sie in Regionen gehalten, in denen es sie ursprünglich gar nicht gab. In die USA kamen die Honigbienen erst mit den europäischen Siedlern. Vorher gab es sie dort nicht und sie haben auch nicht gefehlt. Sie sind dort eigentlich Neozoen. So nennt man Tiere, die sich ohne oder mit menschlicher Einflussnahme in einem Gebiet etabliert haben, in dem sie zuvor nicht heimisch waren. Erst mit der intensiven Landwirtschaft brauchte es diesen leistungsfähigen Bestäuber. Wenn alle Honigbienen in den USA aussterben würden, wäre das historisch gesehen vielleicht »natürlich«. Eine fremde, von Menschen eingeschleppte Art wäre wieder verschwunden. Von der Bestäubung durch Honigbienen hängen aber etwa 35 Prozent der Weltnahrungsproduktion ab. Am extremsten wird das an den Mandelplantagen in Kalifornien deutlich: Ohne die Europäische Honigbiene gäbe es 90 Prozent der Weltmandelernte nicht.

Die Krise der Honigbiene ist genau genommen vor allem eine Krise der Landwirtschaft, aber auch unserer Kulturlandschaft. Erst nach der letzten Eiszeit vor etwa 10000 Jahren wanderten die heute vorkommenden Honigbienen nach Mitteleuropa ein. Seitdem haben sich unsere Flora und Fauna jahrtausendelang in Wechselwirkung mit ihnen entwickelt. Die wilden Tiere sind auch auf die Früchte und Samen angewiesen, die sich durch die Bestäubung der Honigbienen entwickeln. Die ganze Nahrungskette unserer Kulturlandschaft hängt daran. Wenn wir diese von Menschen geformte, menschenfreundliche

Natur erhalten wollen, müssen wir uns auch um die Zukunft der Honigbienen kümmern. Das hat aber wenig mit einer restaurativen, romantischen Vorstellung von »Natur« zu tun.

Aus diesen knappen Überlegungen ist vielleicht deutlich geworden, warum ich »natürlich« für keinen guten Begriff halte, wenn man über eine bienenfreundlichere Art der Bienenhaltung sprechen will. Es gibt für mich zwei wesentliche Aspekte, warum ich mich überhaupt mit Bienen beschäftige. Das eine ist die Sorge um unsere Zukunft, in der Honigbienen eine wichtige Rolle spielen. Das andere ist die Faszination für diese besonderen Geschöpfe und der daraus erwachsene Wunsch, mit ihnen respektvoll umzugehen. Für mich ist das auch eine Frage der Ethik: Ich möchte andere Lebewesen nicht nur als Objekt meiner Interessen sehen. Selbst der Wunsch Bienen zu halten, weil man das so interessant findet oder einen Beitrag zum Schutz der Honigbiene leisten will, kann bei Lichte besehen ein eher selbstbezogener Wunsch sein. Mir ist es wichtig, meinen Mitgeschöpfen auch eine eigene Würde zuzubilligen und ihnen mit Respekt zu begegnen.

Wir stehen dabei vor dem Problem, dass Bienen Insekten sind. Sie sind uns vom Wesen her sehr fremd. Es ist unklar, was sie empfinden können. Kennen sie Schmerz, Hunger oder gar Glück? Neuere Forschungen deuten darauf hin, dass sie durchaus Zustände kennen, die man beispielsweise mit »glücklich« oder »beunruhigt« beschreiben könnte. Das gilt nicht nur für die Biene als Einzelwesen, sondern auch für den gesamten Superorganismus Bien. Auch er kennt Gefühlszustände. Wenn der Schwarm beispielsweise die Pheromone seiner Königin wahrnimmt, wirkt er glücklich. Ein weiselloses Bienenvolk wirkt dagegen sehr beunruhigt. Einer der derzeit führenden Bienen- und Gehirnforscher, Prof. Randolf Menzel, ist sogar der Ansicht, dass Bienen eine Vorstellung von sich selbst haben, also *selbst-bewusst* sind. Menzel ist überzeugt: »Die Biene hat eine innere Welt. Sie können auch Seele dazu sagen.«

Vom wahren Wesen der Honigbienen

Was macht aber nun das Wesen der Honigbienen aus? Was sind ihre natürlichen Bedürfnisse und was ist eine angemessene Art, sich darauf einzustellen?

Das Bild, das wir uns von unserer Umwelt machen, hat sich im Laufe der Menschheitsgeschichte immer wieder stark gewandelt. Der Pfarrer Ferdinand Gerstung (1860 – 1925), der neben Rudolf Steiner als einer der Wegbereiter der wesensgemäßen Bienenhaltung gilt, hat vier Perspektiven identifiziert, mit der Menschen im Laufe der Geschichte auf die Honigbiene geblickt haben und die auch die Art des Umgangs mit ihnen geprägt haben (siehe Literaturtipp auf Seite 153).

Die Anfänge, in denen Menschen Bienen ausgebeutet haben, nannte Gerstung die *naive Zeit*. Man hat die Produkte des wilden Bienenstocks, Honig und Wachs, in heiliger Ehrfurcht entgegengenommen und die Biene kultisch verehrt. Als Beispiel dafür kann die Rolle der Biene im alten Ägypten gelten, wo Honig die Speise der Götter war, aber auch in der Kirche des Mittelalters. Noch heute wird in der katholischen Kirche die Biene im festlichen Lobgesang der Osternacht verehrt. Gerstung beschreibt das naive Staunen über die Bienen so:

»Der kleine Bienenstock ist dieser Auffassung geradezu ein Zauberschloß, mit unzähligen Wundern und Geheimnissen angefüllt, die jeder Erklärung spotten. Wunderbar erscheint das Verhältnis der Bienen zu den honigspendenden Blüten, wunderbar die Entstehung der jungen Biene, wunderbar die Betriebsamkeit und der Fleiß des Völkchens, wunderbar vor allem der kunstvolle Zellenbau, wunderbar die Honigerzeugung, wunderbar die Arbeitsteilung, wunderbar die Beziehungen der verschiedenen einzelnen Bienenwesen, der Königin, der Drohnen und der Arbeitsbienen zu einander, wunderbar das Schwärmen, wunderbar das Überwintern, ja was giebt es im Bienenleben, was da nicht höchst wunderbar und geheimnisvoll wäre!? Der ganze Bien ein einziges Wunder.«

Auf die Frage »was ist der Bien?« antwortet der naive Mensch vielleicht: »ein heiliges Mysterium!«

Es folgte nach Gerstung die *anthropomorphe Zeit*, in der man die faszinierende Ordnung im Bienenvolk genauer erkundet hatte und mit der menschlichen Ordnung verglich. Man sprach vom »Bienenstaat«, von der »Bienenkönigin« und der »fleißigen Biene«. Die Phänomene wurden in menschliche Kategorien eingeordnet und schnell entdeckte man, dass die Bienen eigentlich die »besseren Menschen« sind. Ihr Fleiß und ihre Opferbereitschaft mussten als Vorbild für die menschliche Gesellschaft herhalten. Schon Aristoteles hat Parallelen zwischen dem menschlichen Staatswesen und dem Bienenstaat entdeckt, was nicht weiter überrascht, da in der griechischen Mythologie ja selbst Götter menschliche Eigenschaften haben. In neuerer Zeit sind die »Biene Maja« oder der Animationsfilm »BeeMovie« gute Beispiele dafür.

Anthropomorphismus – das Zusprechen menschlicher Eigenschaften auf außermenschliche Bereiche wie z. B. Tiere oder Naturgewalten – wirkt in beide Richtungen. Man verkennt das wahre Wesen der Bienen, da man alles durch die menschliche Brille wahrnimmt. So weiß man heute, dass die Bienenkönigin keine Leitungsfunktionen hat. Der Begriff »Königin« ist daher eher irreführend. Und das Erfolgsgeheimnis des Bienenvolkes liegt weniger im Fleiß als vielmehr darin, dass es meistens auch Bienen gibt, die aktuell nichts zu tun haben. Sie dienen als stille Reserven, die bei Bedarf schnell mobilisiert werden können.

Auf der anderen Seite stellt man diese menschliche Projektion wieder als Vorbild für menschliche Gemeinschaft dar. Hier schließt sich dann der Kreis. Der Anthropomorphismus ist allgemein auch heute noch weit verbreitet, und wir alle neigen unbewusst dazu, zunächst mal von uns selbst und unseren Erfahrungen auszugehen, wenn wir Unbekanntes entdecken und verstehen wollen. Wer heute beispielsweise etwas aufgeklärter über die Aufgabe der Königin im Bienenvolk sprechen will, der bezeichnet sie vielleicht lieber als »Stockmutter«. Sie legt die Eier und ist Mutter von allen anderen Bienen im Stock. Außerdem sorgt sie über ein Pheromon für den Zusammenhalt im Bienenstock. Aber damit sind die mütterlichen Aspekte dieses Bienenwesens auch schon weitgehend erschöpft. Dieser Begriff kann ebenfalls überdehnt werden und auf eine falsche Fährte führen. Auch heute noch werden von renommierten Wissenschaftlern Mechanismen im Bienenvolk als Vorbild für das menschliche Gemeinwesen empfohlen. Der Bienenwissenschaftler Thomas D. Seeley versucht beispielsweise, aus den Entscheidungsprozessen in einem Bienenschwarm bei der Suche nach einer neuen Wohnung Empfehlungen für Entscheidungsprozesse in menschlichen Gruppen abzuleiten. Das macht in dem von ihm beschriebenen engen Rahmen auch Sinn. Die populäre Vorstellung von »Schwarmintelligenz« dagegen, die hofft, dass aus vielen Entscheidungen Einzelner automatisch eine Art Weisheit der Masse entsteht, halte ich eher für eine unzulässige Übertragung. Wichtig bei solchen Bildern ist immer der konkrete Vergleichspunkt. Man darf ein Modell nicht mit der Wirklichkeit verwechseln und sollte sich beim Gebrauch dieser Begriffe und Bilder immer ihrer Begrenztheit bewusst sein.

Auf die Frage »was ist der Bien?« antwortet der Mensch, der Tieren menschliche Eigenschaften zuspricht, vielleicht: »ein mustergültiges Staatswesen!«

Die anthropomorphe Sicht zeigt sich in etwas anderer Form auch im Tierschutz. Es ist ein bekanntes Phänomen, dass es niedliche Tiere leichter haben, eine Lobby zu finden. Je menschenähnlicher sie sind bzw. je leichter man menschliche Eigenschaften in sie hineininterpretieren kann, desto leichter ist es, Menschen für ihren Schutz zu mobilisieren. Trotzdem gibt es auch Engagement für Tiere, die in dieses Schema nicht so leicht hineinpassen. Seit den Achtzigerjahren sind das beispielsweise die Frösche, für die man Straßenunterführungen gräbt und die eigenhändig über die Straße getragen werden. Im Frosch sah der umweltbewegte Mensch eine neue Sorge verkörpert, »der Tod des Tiers signalisiert den Tod der Natur. Dessen schleichenden Prozess sehen wir nicht, aber können ihn am Froschsterben imaginieren«, schreibt der Kulturhistoriker Bernd Hüppauf in seinem Buch »Vom Frosch«. »Frösche über die Straße tragen wurde«, wie der Journalist Tin Fischer für das Magazin der Süddeutschen Zeitung treffend formulierte, zum »Akt des Widerstandes gegen die Umweltzerstörung«.

Man kann sagen, dass heute die Biene als Symbol für die fortschreitende Zerstörung unserer Lebensgrundlage den Frosch abgelöst hat. »Ich sehe eine zentrale Schwierigkeit im Tierschutz darin, dass er nicht Tiere in ihrer Eigenart zu verstehen versucht. So schützen wir letztlich oft nur das Menschliche im Tierlichen«, sagt dazu der Tier-Ethiker Herwig Grimm von der Veterinärmedizinischen Universität Wien.

Heute wird die Sorge um die Natur und um die Honigbiene oft als Begründung genannt, warum man nun selbst Bienen halten will. Als Motiv, um anzufangen, mag das genügen. Es ist aber wichtig, sich klarzumachen, dass dies nicht ausreicht, um langfristig erfolgreich Bienen zu halten.

Seien Sie bereit, sich von diesen faszinierenden Wesen verzaubern zu lassen, und lernen Sie die tatsächlichen Bedürfnisse des Biens und sein Wesen kennen! Bienenhaltung ist ein Projekt, bei dem man längerfristig Verantwortung übernimmt.

Als dritte Perspektive machte Gerstung bei der Bienenhaltung die *mechanisch-kausale Auffassung* aus: »Der Materialismus hat versucht nach Beseitigung der naiven und der anthropomorphistischen Auffassung der Welt, dieselbe aus reiner mechanischer Gesetzmäßigkeit heraus zu erklären und als lauter Ursachen und Wirkungen zu begreifen.« Obwohl Gerstung dies bereits im Jahre 1900 schrieb, dominiert auch heute noch in der Bienenhaltung das mechanische Weltbild. Der Umgang mit den Bienen hat seit der naiven Zeit einen erstaunlichen Wandel vollzogen. Vom wunderbaren rätselhaften Phänomen ist der Bienenstock heute zu einem Baukasten geworden, mit dem der Mensch ein Bienenvolk aus Einzelteilen erschaffen und umbauen kann. Nichts ist mehr heilig.

Der entscheidende Schritt war im 19. Jahrhundert die Entdeckung des *»Beespaces«* (= Bienenabstand). Auf dieser Grundlage konstruierte der nordamerikanische Pastor Lorenzo Langstroth

1851 erstmals eine Bienenbehausung, in der alle Waben in kleinen Holzrähmchen eingebaut waren. Wenn man einen bestimmten Abstand (engl. = *space)* zwischen Rähmchen und Rand der Bienenwohnung einhält, dann bauen die Bienen in diesen Zwischenräumen kein Wachs und die Waben bleiben beweglich. Das hat für die Honigproduktion Vorteile, weil man die Waben bei der Ernte nicht mehr zerstören muss, sondern ausschleudern und anschließend zurückgeben kann. Aber auch der Wissenschaft boten die beweglichen Waben ganz neue Möglichkeiten. Das Bienenvolk konnte im lebenden Zustand zerlegt, untersucht und wieder zusammengesetzt werden.

In der Folge wurden dem Bienenvolk viele seiner Geheimnisse entlockt und in den Dienst des Menschen gestellt. Lange Zeit wurden diese neuen Möglichkeiten und Erkenntnisse in erster Linie unter ökonomischen Gesichtspunkten genutzt: Steigerung des Honigertrags und eine effizientere Bewirtschaftung der Bienenvölker waren die Maxime. Die Ehrfurcht vor dem wundersamen Organismus Bienenvolk wich der Freude darüber, was man alles mit einem Bienenvolk machen kann, um den Ertrag zu intensivieren, ohne dass es »kaputtgeht«: Man kann den Bienen künstliche Wachsplatten und Waben geben, man kann die volkseigene Königin gegen eine fremde austauschen, man kann Königinnen außerhalb des natürlichen Vermehrungsprozesses züchten und sogar künstlich besamen. Ein Absperrgitter sperrt die Königin in einen beschränkten Bereich der Bienenwohnung ein, damit sie nicht dort Eier legt, wo wir Honig ernten wollen. Der Bienenwohnung werden immer neue Etagen (Magazinzargen) aufgesetzt, sodass ein Bienenvolk statt 20 Kilo vielleicht 100 Kilo Honigertrag bringt …

Man kann diese Aufzählung noch lange fortsetzen. Dem Bien ist zum Verhängnis geworden, dass er so viele Eingriffe ertragen kann. Es gehört zum Wesen des Biens, sehr plastisch zu sein und auch größere Störungen selbst reparieren zu können. Kaum ein anderes Lebewesen würde so massive Eingriffe in seine natürliche Lebensweise und in seinen Körper überleben. Die moderne Imkerei baut vollständig auf diese Eigenschaft der Honigbienen. Bienenvölker werden heute fast immer künstlich »gezeugt«. Sie werden über Ableger vermehrt, indem ein Volk einfach in mehrere Teile zerlegt wird. Das weisellose Volk bekommt dann eine fremde neue Königin zugesetzt, die ebenfalls außerhalb des normalen Fortpflanzungsprozesses künstlich gezüchtet wurde. Jeder weitere Bearbeitungsschritt besteht genau genommen aus Störungen der Integrität des Bienenvolkes. Der zur Verfügung stehende Raum wird künstlich vergrößert, um mehr Honig ernten zu können. Drohnenbrut wird reguliert und regelmäßig vernichtet. Brutwaben werden entnommen und ausgetauscht. Man unterbindet die Möglichkeit, dass Bienen ihre Waben selbst bauen können, und gibt ihnen vorgefertigte Wabenrohlinge, sogenannte Mittelwände.

Lange Zeit schien dies auch gut zu gehen, selbst wenn es vielleicht aus ethischer Sicht etwas fragwürdig ist. Rudolf Steiner, der andere Wegbereiter der »wesensgemäßen Bienenhaltung«, hat bereits 1923 in seinen Arbeitervorträgen am Goetheanum in Dornach die Befürchtung geäußert, dass in »fünfzig oder achtzig Jahren« die Bienenhaltung in eine große Krise geraten würde. Das hat sich aus heutiger Sicht als prophetisch erwiesen.

Auf die Frage »was ist der Bien?« antwortet der mechanisch-kausal denkende Mensch vielleicht: »ein sehr plastisches, flexibles Produktionsmittel!«

Ferdinand Gerstung hat sich zu seiner Zeit für eine neue, vierte Sichtweise der Honigbiene starkgemacht, die er *organisch-lebendige Auffassung* nannte und die eine wesentliche Grundlage für die Entwicklung der »wesensgemäßen Bienenhaltung« wurde.

Gerstung war der Ansicht, dass das Leben nicht alleine aus Ursache und Wirkung in einem linearen Prozess erklärt werden kann, wie es die mechanisch-kausale Auffassung tat. Er sah darüber hinaus noch Kräfte am Werk, die dafür sorgen, dass sich die belebte Welt harmonisch entwickelt. Er erkannte aus der Beschäftigung mit den Bienen heraus, dass in der Natur alles miteinander verwoben ist. So wie die Bienen in einem Volk eine Art eigenständiger Organismus bilden, so ist die gesamte Welt auch eine Art Organismus, in dem alles in komplexer Weise zusammenwirkt und in vielfältigen Beziehungen steht, uns als Menschen eingeschlossen. Gerstung fand viele Ähnlichkeiten zwischen höher entwickelten Säugetieren und dem Bienen-Organismus, den er als »Bien« bezeichnete.

In der Wissenschaft wird diese Lebensform heute als »Superorganismus« bezeichnet. Im Jahre 1920 wurde Ferdinand Gerstung für diese Entdeckung die Ehrendoktorwürde der Universität Jena verliehen. Der ökologische Imkerverband Mellifera e. V. hat seit 1985, aufbauend auf den Erkenntnissen Gerstungs und den Bienenvorträgen Steiners, den Begriff »wesensgemäße Bienenhaltung« geprägt.

Was die wesensgemäße Bienenhaltung auf die Frage »was ist der Bien?« antwortet, möchte ich im Folgenden weiter entfalten.

Was ist wesensgemäße Bienenhaltung?

Der Begriff »wesensgemäße Bienenhaltung« wird oft benutzt, um »naturnahe« Bienenhaltungskonzepte zu bezeichnen. Er klingt etwas geheimnisvoll und die wenigsten Menschen können sich genau vorstellen, was damit gemeint ist. Da er aber von Mellifera e. V. seit Jahrzehnten im Zusammenhang mit besonders bienenfreundlichen Haltungsformen verwendet wird und auch Grundlage für die Entwicklung der strengen Demeter-Richtlinen war, ist das ein willkommenes Etikett für eine »gute« Bienenhaltung. Oft wird mir gesagt: »Man kann in jeder Beutenform Bienen wesensgemäß halten.« Unter wesensgemäßer Bienenhaltung wird dann beispielsweise »Naturwabenbau« verstanden – dass man also keine künstlichen Mittelwände verwendet – oder dass man den Bienen ihren eigenen Honig lässt, weniger erntet und auf Zuckerfütterung verzichtet. Es werden also einzelne Aspekte der Betriebsweise genannt.

Wesensgemäße Bienenhaltung ist aber nicht nur eine Frage von Details und Grundzügen der Betriebsweise, sondern auch eine ethische Haltung des Imkers. Sie betrifft die Wahrnehmung des Bienenvolks als Organismus. Das Wesen »Bien« ist das Tier und mein Gegenüber. Ich möchte respektvoll mit ihm umgehen und seine Integrität achten. Der Begriff »wesensgemäße Bienenhaltung« drückt auch eine Beziehung aus. Gerstung hat das Bienenvolk sogar als eine Art Modell des gesamten Ökosystems gesehen. Im Hinterfragen unserer Beziehung zu den Bienen können wir vielleicht einen respektvolleren, demütigeren Umgang mit unserer Umwelt und unseren Mitmenschen lernen.

Über die organische Perspektive von Gerstung hinaus hat Rudolf Steiner im Rahmen seiner geisteswissenschaftlichen Untersuchungen auch über »spirituelle Dimensionen« des Bienenwesens gesprochen. Dazu gehört eine besondere Nähe zum Menschen. In Vorträgen über die Bienen betont er im Jahr 1923, ebenso wie Gerstung, den Aspekt des »Volksganzen« als das eigentliche Lebewesen, ohne das Wort »Bien« zu benutzen. Und er weist auf die besondere, »gewaltlose« Beziehung des Biens zu seiner Umwelt hin. Blüten werden

Demeter-Richtlinen zur Bienenhaltung

Wichtige Merkmale der Richtlinien sind:

- Aufstellung der Bienenvölker bevorzugt auf biologisch-dynamisch bewirtschafteten Flächen, ökologisch bewirtschafteten und naturbelassenen Flächen.
- Nur so viele Bienenvölker pro Standort, dass die Versorgung eines jeden Volkes mit Pollen und Nektar gewährleistet ist.
- Bienenwohnung aus natürlichen Materialien.
- Vermehrung nur aus dem Schwarmtrieb heraus.
- Verbot von künstlicher Königinnenzucht, instrumenteller Besamung und Gentechnik.
- Verwendung örtlich angepasster Bienenrassen.
- Naturwabenbau (Stabil- oder Mobilbau) im Brutraum.
- Brutnest als geschlossene Einheit (großer Brutraum, keine Verteilung auf mehrere Zargen).
- Kein Königinnen-Absperrgitter.
- Mittelwände im Honigraum sind erlaubt.
- Einwinterung auf Honig ist anzustreben. Wenn Zuckerfütterung notwendig ist, soll das Futter mit 10 Prozent Honig (bezogen auf das Gewicht des eingefütterten Zuckers), Kamillentee und Salz aufgewertet werden.
- Die Bienengesundheit soll möglichst auf natürliche Weise erhalten oder wiederhergestellt werden.
- Organische Säuren (Ameisensäure, Oxalsäure, Milchsäure) sind zur Varroabekämpfung zugelassen.

nicht zerstört beim Besuch der Bienen, sondern zu größerer Nektarbildung angeregt. Thomas Radetzki schreibt über diesen Beziehungsaspekt der wesensgemäßen Bienenhaltung: »Wesensgemäß ist nicht naturgemäß. Es bedeutet, sich auf eine Beziehung einzulassen, die beide – Mensch und Bienenvolk – verändert. Wesensgemäß will nicht einfach das Natur- oder Artgemäße kopieren, sondern unter dessen Berücksichtigung etwas Neues schaffen, so wie es jede Domestikation unserer Haus- und Nutztiere früher getan hat.

Wesensgemäß ist die bewusste Pflege einer Beziehung mit einer Haltung von Ich und Du. Wie in jeder Liebesbeziehung sind dafür Kontrolle, Beherrschung, Dominanz fehl am Platz. Es braucht Aufmerksamkeit, Hingabe, Offenheit und Gewaltlosigkeit. Auf diesem Hintergrund wird manches, was Bienen in unserem Inneren an Empfindungen und Ideen aufrufen, in einer respektvollen Fragehaltung entgegengenommen werden. Es liegt auf der Hand, dass wesensgemäße Bienenhaltung immer in Entwicklung bleiben muss. Ziel ist nicht ein Endzustand, sondern ein fortwährendes Miteinander- und Voneinanderlernen.«

Es ist daher nicht möglich, einfach einen Katalog von Vorschriften vorzulegen, der für *die* wesensgemäße Bienenhaltung als verbindlich gelten soll. So etwas gibt es auch: Das sind die Demeter-Richtlinien, die ja aus der Beschäftigung mit wesensgemäßer Bienenhaltung entstanden sind (mehr dazu auf Seite 27). Aber die Demeter-Richtlinien behandeln eine ökologische landwirtschaftliche Produktionsweise. Sie sind der Kompromiss zwischen den Bedürfnissen des Biens und der Notwendigkeit, ökonomisch sinnvoll Honig und andere Bienenprodukte zu erzeugen. Wer nicht für den Markt produzierten muss, kann sich dem Thema noch viel freier nähern.

Das Wildvolk

»Denen, die nach Stille streben,
wird sie wunderbar zuteil,
wenn sie mit den Bienen leben.
Bienenleben ist wie Heil,
das sich gnädig niederneigt,
sehet,
lauschet,
staunt
und schweigt.«

Verfasser unbekannt

Um sich dem Thema »wesensgemäße Bienenhaltung« konkret anzunähern, ist es zunächst einmal nötig, den Bien näher kennenzulernen und sich anzuschauen, wie Wildvölker ohne menschliche Eingriffe leben. Nur so haben wir die Möglichkeit, uns von unserer subjektiven, antropomorph geprägten Sicht zu lösen und eine Basis für eine Beziehung zwischen Mensch und Bien zu schaffen, in der das Bienenvolk nicht nur ein Objekt unserer Interessen ist, sondern ihm eine eigene Würde zugebilligt wird.

Der Superorganismus Bien

Ein Bienenvolk besteht – abhängig von Jahreszeit und anderen Faktoren – aus etwa 5000 bis 50 000 Arbeiterinnen, ein paar Tausend Drohnen und einer Königin. Die Geburt eines neuen Bienenvolkes ist der Schwarm: Ein Bienenvolk teilt sich, und etwa 10 000 bis 20 000 Bienen ziehen gemeinsam mit der Königin aus, um eine neue Kolonie zu gründen. Sie suchen sich mindestens über einige Hundert Meter – oft sogar Kilometer – weit entfernt vom Muttervolk einen geeigneten Hohlraum, der ihnen Schutz vor Wetter und Feinden bietet, und bauen dort einige parallele scheibenförmige Waben mit einer Fläche von bis zu einem Quadratmeter. Diese Waben gehören genauso zum Organismus Bien wie die Bienen. Wenn man eine Analogie zum Säugetier bemüht, dann sind die Waben die Knochen des Bienenvolks. Sie bilden nicht nur das Skelett. Rudolf Steiner sieht in diesem Zusammenhang auch die Funktion von »Knochenmark«. Wie bei Säugetieren entwickeln sich dort die »Blutzellen« des Bienenvolks – das sind für Steiner die Arbeiterinnen-Bienen. Darüber hinaus haben die Waben noch zahlreiche andere Aufgaben für die Weiterleitung von Signalen, für das Immunsystem und natürlich als Kurz- und Langzeitspeicher für die Nahrungsreserve.

Ein gesundes Wildvolk teilt sich bei ausreichender Tracht jedes Jahr und gibt einen oder sogar mehrere Schwärme ab. Das ist zur Arterhaltung auch nötig, da nur ein kleiner Teil der wilden Schwärme den ersten Winter überlebt. Thomas D. Seeley hat bei eigenen Experimenten im Arnot-Forschungswald der Cornell University in den Siebzigerjahren eine Überlebensquote von 25 Prozent im ersten Winter ermittelt. Etablierte Kolonien hatten einc Überlebensrate von 80 Prozent. Noch heute gibt es am Forschungsstandort eine stabile Population von acht bis elf Völkern.

Positiver Effekt der hohen Sterblichkeit ist der Selektionsdruck, der dafür sorgt, dass sich die Bienenvölker gut an ihre jeweilige Umgebung anpassen. Wenn Menschen Bienenvölker betreuen, fällt dieser Selektionsdruck weg. Daher hat der Mensch eine besondere Verantwortung bei der Vermehrung und Zucht von Bienenvölkern.

Die Bienenwesen

Der Körperbau der Bienenwesen

Königin	**Arbeiterinnen**	**Drohnen**
25 mm lang	15 mm lang	20 mm lang
langer Hinterleib	schlanker Hinterleib	breiter Hinterleib
lange Beine	Sammelbeine mit »Körbchen«	männliches Geschlechtsorgan
voll entwickelte Eierstöcke	verkümmerte Eierstöcke	kein Stachel
Stachel	Stachel	große Augen und lange Fühler

Man unterscheidet im Bienenvolk drei Bienenwesen: Arbeiterinnen, Drohnen und Königin. Die Königin, auch Weisel oder Stockmutter genannt, ist das einzige geschlechtsreife Tier im Bienenvolk. Sie legt unentwegt Eier und die meisten Bienen im Bienenvolk sind ihre Kinder. Ich schreibe bewusst »die meisten«, denn Bienen sind nicht hundertprozentig stocktreu. Insbesondere die Drohnen sind Vagabunden und fliegen von einem Bienenvolk zum nächsten, aber auch manche Arbeiterin bettelt sich in einem Nachbarbienenvolk ein. Die Königin sorgt über ein Königinnenpheromon für den Zusammenhalt im Bienenvolk. Es unterdrückt unter anderem die Entwicklung der Eierstöcke bei den Arbeiterinnen, die ja auch weibliche Tiere sind, sorgt für die Aufrechterhaltung des Bautriebs und den Zusammenhalt der Schwarmtraube. Das Pheromon wird von den Arbeiterinnen überall im Volk verteilt. Fehlt die Königin, ist das gesamte Bienenvolk spätestens nach einer halben Stunde in Alarmstimmung und fühlt sich »weisellos«.

Die Königin steuert aber nicht das Leben im Bienenvolk. Sie ist keine Regentin und kann keinesfalls als Hirn des Superorganismus Bien angesehen werden. Entscheidungen werden im Bienenvolk über gemeinsame komplexe Prozesse gesteuert. Viele Dinge geschehen einfach, weil sie notwendig sind. So kühlen die Bienen, weil es zu warm wird, sie sammeln, weil es Tracht gibt, bauen neue Waben, weil freie Wabenzellen benötigt werden, füttern die Brut, weil sie gefüttert werden muss, usw. Es ist ein faszinierendes, erst ansatzweise erforschtes Phänomen, wie die Entscheidungsprozesse im Volk genau laufen und wie die einzelne Biene weiß, was sie gerade konkret zu tun hat.

Ein wichtiger Faktor für die optimale Aufgabenverteilung im Bienenvolk ist sicher, dass die Arbeiterinnen sehr verschieden sind. Es fängt damit an, dass es im Wildvolk eine große genetische Varianz gibt. Die Bienen haben zwar dieselbe Mutter, aber verschiedene Väter. Die Königin wird während eines oder mehrerer Hochzeitsflüge von bis zu zwölf Drohnen begattet und bewahrt das Sperma in einer Samenblase über Jahre auf. Je größer die genetische Vielfalt im Bienenvolk, desto flexibler sind die genetisch bedingten Handlungsoptionen.

Die Fähigkeiten und die damit verbundenen Aufgaben der Einzelbiene ändern sich zudem im Laufe ihres kurzen Lebens. Zu einer bestimmten Zeit ist sie Ammenbiene und nährt die Brut mit Futtersaft, den sie aus einer Drüse absondert. Zu einer anderen Zeit sind die Wachsdrüsen voll ausgebildet und sie kann Waben bauen. Nach einigen Wochen Innendienst wird sie schließlich Sammelbiene. Interessanterweise folgen die biologischen Prozesse in der Biene, die sie mit bestimmten Fähigkeiten ausstatten, nicht ausschließlich einem festen Programm. Wenn in besonderen Situationen eine Fähigkeit besonders stark benötigt wird, dann können Bienen, die eigentlich in einer ganz anderen Lebensphase sind, diese Fähigkeit neu herausbilden. Um dies zu untersuchen, hat man beispielsweise künstlich Bienenvölker gebildet, die nur aus Sammelbienen bestanden. Innerhalb kürzester Zeit haben die Bienen andere Fähigkeiten, wie Wabenbau und Brutpflege, neu entwickelt. Oder man hat ein Bienenvolk gebildet, das nur aus Ammenbienen bestand. Trotzdem wurden bald die ersten Sammelflüge gestartet.

Diese Plastizität macht sich der Imker zunutze und bildet Ableger und Kunstschwärme, indem er einfach Bienen aus einem oder mehreren Völkern entnimmt und mit einer neuen Königin kombiniert. Die Bienen sind in der Lage, aus diesen Bausteinen ein neues Volk zu bilden. Auch wenn sie diese Herausforderung bewältigen können, stellt sie eine große Belastung dar und ist sicherlich für den Organismus Bien ein eher ungünstiger Start ins Leben.

Die Bienenwesen im Bienenvolk gleichen in ihrer Funktion für den Bien den Körper- und Nervenzellen eines Säugetiers. Die Vielfalt der »Zellen« und die Vernetzung sind dabei weit größer, als die grobe Einteilung in drei Bienenwesen auf den ersten Blick vermuten lässt. Neben der genetisch bedingten Varianz sorgen auch die Bedingungen, unter denen Bienenlarven heranwachsen, für Bienen mit unterschiedlichen Eigenschaften und »Talenten«. Im Wildvolk sind nicht alle Wabenzellen einheitlich groß und daher sind auch die schlüpfenden Bienen nicht alle gleich groß. Der Bienenwissenschaftler Prof. Jürgen Tautz von der BEEgroup der Universität Würzburg hat zudem festgestellt, dass über die Temperatur, in der sich die Bienenbrut entwickelt, die Intelligenz der heranwachsenden Bienen gesteuert wird.

Die Drohnen galten lange Zeit als »fliegende Hoden«, die sonst keine Aufgaben im Bienenvolk haben. Da sie keine Vorräte sammeln, aber verbrauchen, galten sie als unnütze Esser, und ein Imker konnte sich nicht vorstellen, warum er Tausende Drohnen im Bienenvolk dulden sollte. Da Drohnen größere Zellen benötigen, um sich zu entwickeln, kann man die Aufzucht von Drohnen einfach unterbinden, indem man statt natürlicher Waben Mittelwände mit einer Arbeiterinnenzellprägung vorgibt. Das ist heute in der konventionellen Bienenhaltung Standard. Es ist aber offensichtlich, dass ein Wildvolk mehr Drohnen haben »will« und Bienenvölker Anstrengungen unternehmen, die Anzahl der Drohnen zu erhöhen, wenn man sie künstlich nach unten reguliert. Thomas D. Seeley hat ermittelt, dass Wildvölker einen Anteil von 18 Prozent Drohnenzellen auf jeder Wabe haben. Der Imker macht sich dies zunutze, indem er neben den Rähmchen mit Mittelwänden ein leeres Rähmchen in das Bienenvolk hängt, in dem dann konzentriert (nur) an einer Stelle Drohnen von den Bienen aufgezogen werden. Da sich die Varroamilben auch in den Drohnenbrutzellen vermehren und dort durch die wenige Tage längere Entwicklungszeit der Drohnen bessere Vermehrungsbedingungen haben, kann man die Varroabelastung im Volk dadurch etwas reduzieren, indem diese Waben regelmäßig vor dem Schlupf der Drohnen vernichtet werden. Dieses biologische Verfahren der Varroabekämpfung funktioniert aber nur um den Preis, Drohnen in großem Umfang zu töten und nebenbei auch dem Bienenvolk wertvolle Eiweißreserven zu entnehmen.

Bienen sind eigentlich Vegetarier. Als Eiweißnahrung zur Aufzucht des Nachwuchses dient den Bienen der Blütenpollen, den sie in großen Mengen sammeln. Wenn es zu einer akuten Unterversorgung an Pollen kommt, betreiben sie aber auch Brutkannibalismus und recyceln zuerst ihre Drohnenbrut. Einige Waben voll Drohnenbrut haben für die Bienen vielleicht eine ähnlich beruhigende Wirkung wie für den Menschen eine Lebensversicherung.

Heute vermutet man zudem, dass Drohnen mithelfen, die Brut zu wärmen, und dass sie für die Harmonie im Bienenvolk eine wichtige Rolle spielen. Drohnen werden – anders als Arbeiterinnen oder Königinnen – auch in fremden Stöcken willkommen geheißen und sie machen rege Gebrauch davon. Sie kommen im Laufe ihres mehrmonatigen Lebens also viel herum und sie besitzen sehr empfindsame Sinnesorgane. Die Augen der Drohnen bedecken den gesamten Kopf und auch die Antennen sind länger als die der Arbeiterinnen. Der Hauptzweck ihrer Sinnesorgane ist sicherlich, Königinnen auf Hochzeitsflug gut aufspüren zu können. Ob die Informationen, die sie draußen sammeln, darüber hinaus auch noch einen Zweck im Bienenvolk erfüllen, weiß man nicht. Durch ihr Verhalten vernetzen sie gewissermaßen die Bienenvölker einer ganzen Region.

Die Völker stehen über ihre Drohnen in Verbindung. Auch wenn vieles noch nicht erforscht und verstanden ist, sollte man die Rolle der Drohnen im Bienenvolk aus der organisch-lebendigen Perspektive Gerstungs (siehe Seite 24) trotzdem nicht ignorieren oder als unwichtig abtun.

Die Königin kann bis zu fünf Jahre alt werden. Im Laufe ihres Lebens wird sie langsam schwächer und weniger leistungsfähig. Die geringer werdende Absonderung des Königinnenpheromons führt dazu, dass die Bienen eine neue Königin heranziehen und die alte ersetzen. Manchmal wird die alte Königin sogar noch eine Zeit lang weiter im Volk geduldet und bekommt dort ihr »Altenteil«, wo sie in einer Ecke weiterhin ein paar Eier legen darf. Dieser Prozess nennt sich »stille Umweiselung«. Oft nehmen Imker ihn vorweg, bevor die Königin an Leistungsfähigkeit einbüßt, und wechseln sie spätestens nach zwei Jahren gegen eine künstlich gezüchtete neue Königin aus. Anders als die eigene Königin aus der Umweiselung ist die zugesetzte fremde Königin im Bienenvolk zunächst ein Fremdkörper. Es kann passieren, dass sie von den Bienen sofort nach dem Zusetzen getötet wird.

Aspekte einer wesensgemäßen Bienenhaltung

Jede Form von künstlicher Regulierung der Zusammensetzung des Bienenvolkes sollte vermieden werden. Das bedeutet:

- Keine Verminderung der genetischen Varianz und Vielfalt im Bienenvolk durch künstliche Königinnenzucht.
- Keine künstliche Änderung in der Zusammensetzung der Bienenpopulation im Volk durch Vereinigen, Schröpfen oder gegenseitiges Tauschen der Plätze von Bienenkästen.
- Keine Regulierung der Anzahl der Drohnen durch Mittelwände oder Drohnenbrutschneiden.

Der Schwarmtrieb

Vermehrung und Arterhaltung sind für jede Tierart von ganz zentraler Bedeutung. Aus diesem Fortpflanzungsdrang schöpft sie einen großen Teil ihrer Vitalität. Das ist beim Bien nicht anders. Der gesamte Jahreszyklus des Bienenvolks ist auf die Vermehrung durch Teilung ausgerichtet. Im Frühjahr wird der Überfluss an Nektar und Pollen dazu genutzt, die Volksgröße explosionsartig zu vergrößern. Gleichzeitig beginnt das Volk mit der Aufzucht der Drohnen und es werden erste Ansätze von Weiselzellen gebaut – zunächst noch ohne Funktion. Daher nennt man sie »Spielnäpfchen«. Es scheint fast, als wolle das Bienenvolk schon mal den Bau der Königinnenzellen üben. Bald sind so viele junge Bienen geschlüpft, dass eine Teilung möglich ist. Das Volk beginnt mit der Aufzucht von mindestens zehn neuen Königinnen und bereitet sich auf das Schwärmen vor. Der Schwarm ist der Höhepunkt im Bienenjahr. Zunächst zieht die alte Königin mit mehr als der Hälfte der Bienen aus und sucht sich eine neue Behausung (Vorschwarm). Wenn es die Ressourcen des Muttervolks zulassen, folgen ein oder mehrere weitere kleine Schwärme mit einem Teil der jungen Königinnen (Nachschwärme). Am Ende bleibt eine junge Königin im Restvolk zurück. Das Schwarmgeschehen stellt also auch eine Erneuerung des Muttervolks dar. Die Schwärme beginnen sofort, in ihrer neuen Nisthöhle Waben zu bauen. Die alte Königin des Vorschwarms kann sehr schnell wieder anfangen, Eier zu legen. Die jungen Königinnen in den Nachschwärmen und im Muttervolk müssen sich zunächst auf Hochzeitsflug begeben, wo sie von mehreren Drohnen begattet werden. Nur die vitalsten Drohnen schaffen es, sich durchzusetzen und die Königin im Flug zu begatten.

Die Schwärme lassen das alte Wabenwerk mit der Brut hinter sich und damit auch mögliche Brutkrankheiten und einen großen Teil der Varroamilben. Im Muttervolk gibt es eine kurze Zeit, in der keine Brut vorhanden ist, weil die neue Königin zunächst noch unbegattet ist. Auch dies behindert die Vermehrung der Varroamilben und Krankheiten im Volk.

Das Schwarmgeschehen ist von Überfluss und Vitalität geprägt und eine natürliche Krankheitsvorsorge. Die Schwärme entwickeln sich schnell und bauen innerhalb weniger Wochen einen großen Teil des Wabenwerks, auf dem sie in den kommenden Jahren leben werden.

Angesichts der zentralen Bedeutung des Schwarmtriebs für den Bien mag es vielleicht überraschen, dass in der konventionellen Bienenhaltung das Schwärmen nach Möglichkeit vollständig unterdrückt wird. Die Gründe dafür sind in erster Linie ökonomischer Natur. Der Schwarmtrieb geht zulasten des Honigertrags. Außerdem ist das Schwarmgeschehen nicht planbar und lässt sich daher nicht so einfach in moderne Betriebsabläufe integrieren. Viele Imker legen zudem gar keinen Wert darauf, eine frei begattete Königin im Bienenvolk zu haben. Sie versprechen sich mehr von einer »Reinzuchtkönigin«, die sie von anerkannten Züchtern z. B. per Briefpost beziehen.

Bei der konventionellen Königinnenzucht macht man sich eine Fähigkeit der Bienen zunutze, auf die existenzielle Notlage eines plötzlichen, überraschenden Königinnenverlusts zu reagieren. Da sowohl Königin als auch Arbeiterin aus dem gleichen Ei entstehen, kann im Notfall ein Arbeiterinnenei quasi nachnominiert werden. Die Bienen können ein einmal gelegtes Ei nicht mehr transportieren und in eine Weiselzelle bringen. Stattdessen wird die sechseckige Wabenzelle der jungen Larve nachträglich in eine zapfenförmige, nach unten gerichtete Weiselzelle umgebaut. Ein Teil der umliegenden Bienenbrut wird geopfert, um Platz zu schaffen. Die Larve wird dann anders gefüttert, denn alleine die Art der Fütterung entscheidet, ob sich eine Larve aus einem befruchteten Bienenei zu einer Weisel entwickelt oder zu einer Arbeiterin.

Um gezielt Königinnen von einem Bienenvolk mit erwünschten Eigenschaften nachzuzüchten, kann man also einfach ganz junge Arbeiterinnenlarven mit einem Umlarvlöffel entnehmen und in künstliche Weiselzellen verpflanzen. Diese werden dann gleich dutzendweise in ein weiselloses Pflegevolk gehängt. In ihrer Not pflegen die Bienen diese künstlichen Weiselzellen. Da sich die Königinnen beim Schlupf gegenseitig umbringen würden, setzt der Imker nach der Verpuppung auf jede Weiselzelle einen kleinen Käfig. Die geschlüpften Königinnen müssen in den ersten Stunden sehr gestresst sein, da sie durch Pheromone über die Anwesenheit zahlreicher Konkurrentinnen informiert sind, an die sie nicht herankommen. Auch für das Pflegevolk ist diese Aufzucht eine große Belastung, da es eine unnatürlich große Anzahl von Königinnen pflegen muss.

Das bedeutet, dass der einzige Weg, eine vollwertige Königin zu erhalten, die Vermehrung über den natürlichen Schwarmtrieb ist. Hier ist den Bienen von Anfang an klar, dass eine neue Königin herangezogen werden soll. Die alte Königin, die ein Ei in die Weiselzelle legt, kann natürlich nicht gezielt ein besonders schönes Ei auswählen, aber es ist durchaus üblich, dass Arbeiterinnen Eier wieder ausräumen. Es ist also denkbar, dass sie auf diesem Weg auch Einfluss darauf nehmen, aus welchen Eiern sich neue Königinnen entwickeln dürfen, oder dass sie zumindest fehlerhafte Eier entfernen. Die Larven, die sie dann pflegen, werden von der ersten Sekunde an als neue Königinnen gefüttert und besonders gehegt und gepflegt. Von den Königinnen, die heranwachsen, bleibt im Muttervolk am Ende nur eine übrig, denn sie kämpfen miteinander auf Leben und Tod. Auch dies sorgt dafür, dass sich nur vitale Königinnen durchsetzen können.

Aspekte einer wesensgemäßen Bienenhaltung

Die Vermehrung über den Schwarmtrieb gehört zu den zentralen Gesichtspunkten der wesensgemäßen Bienenhaltung. Wer mit dem Schwarmtrieb imkert, profitiert von der damit verbundenen Vitalität. Eine Unterdrückung des Schwarmtriebs kann nicht artgerecht sein und fördert die Verbreitung von Krankheiten. Es müssen neue Wege gefunden werden, um konstruktiv mit dem Schwarmtrieb umzugehen.

Da man eine gezielte Zucht nur dann durchführen kann, wenn man auch die Paarung kontrolliert, werden künstlich gezüchtete Königinnen zur Begattung oft auf Belegstellen gebracht. Das sind Orte, an denen es im Flugradius der Bienen nur Bienenvölker und Drohnen mit den gewünschten Eigenschaften gibt. In Deutschland sind Belegstellen häufig auf Inseln, in Österreich und der Schweiz gibt es Belegstellen in Hochgebirgstälern, in denen im Winter keine wild lebenden Bienenvölker überleben können. Noch genauer kann man die Zucht über künstliche Besamung kontrollieren, bei der die Königin betäubt und dann unter dem Mikroskop instrumentell besamt wird. Die genetische Varianz, die über die Begattung mit zahlreichen unterschiedlichen Drohnen entsteht, ist bei dieser Art der kontrollierten Paarung naturgemäß geringer. Derart hochgezüchtete Königinnen bringen ihre Leistung dann tatsächlich oft nur ein bis zwei Jahre und müssen dann vom Imker ausgetauscht werden.

Bienenrassen

Heute dominieren zwei Rassen die Bienenhaltung in Europa und weit darüber hinaus. Am weitesten verbreitet ist die **Carnica-Biene,** die ursprünglich in Kärnten beheimatet war. Ihr werden besonders für die Bienenhaltung im Mobilbau erwünschte Eigenschaften zugeschrieben: Sie ist »wabenstet« – d. h., die Bienen bleiben auf der Wabe sitzen, wenn sie herausgezogen wird, und sie gelten als sehr sanftmütig. Da sie sich im Frühjahr schnell entwickeln, liefern sie insbesondere in Frühtrachtgebieten gute Erträge. Die Carnica-Biene *(Apis mellifera carnica)* trat 1860 ihren Siegeszug an und hat nach und nach die heimischen Arten verdrängt. In Europa nördlich der Alpen ist ihr insbesondere die **Dunkle Biene** *(Apis mellifera mellifera)* zum Opfer gefallen. 1916 hat Bruder Adam, ein Benediktinermönch des englischen Klosters Buckfast, mit der Zucht einer künstlichen Bienenrasse begonnen, indem er Bienenrassen aus verschiedensten europäischen Ländern kreuzte. Das Ergebnis ist die **Buckfast-Biene,** die verschiedene, aus Sicht konventioneller Imker vorteilhafte Eigenschaften hat, wie z. B. einen reduzierten Schwarmtrieb. Sie ist heute in Deutschland mit einem Anteil von etwa 30 Prozent vertreten.

Da Bienenvölker und Königinnen über den gesamten Globus gehandelt werden, gibt es derzeit keine an die lokale Vegetation und das örtliche Kleinklima angepassten Bienenrassen mehr. Und es ist nicht möglich, das Rad einfach zurückzudrehen. Da sich die verschiedenen Bienenrassen miteinander kreuzen können und die natürliche Paarung unkontrolliert im Umkreis von bis zu acht Kilometern stattfindet, haben sich über lange Zeit die Gene vermischt. Die ursprüngliche, bei uns heimische Dunkle Biene gibt es nicht mehr. Manche ihrer Gene lassen sich sogar in der Carnica-Biene nachweisen. Und auch die Carnica-Biene ist nicht mehr ursprünglich, sie wurde intensiv »züchterisch bearbeitet«.

Ähnlich wie in anderen Bereichen der Landwirtschaft ist die Honigbiene heute ein Hochleistungstier, das entsprechend anfällig für Krankheiten ist. Aus wesensgemäßer Perspektive ist dies ein Dilemma, das sich nicht so einfach lösen lässt. Denn eigentlich wäre es wünschenswert, eine robuste, den lokalen Gegebenheiten angepasste »Landrasse« zu halten und zu erhalten. Es gibt heute unter naturnahen Imkern Bestrebungen, die Dunkle Biene wieder in Gegenden anzusiedeln, wo sie mittlerweile vollständig verdrängt worden ist, weil sie nach deren Auffassung als ursprüngliche Biene dorthin gehöre. Dazu werden dann z. B. Dunkle Bienen aus Skandinavien nach Deutschland importiert, denn dort gibt es noch natürliche Vorkommen. Aber diese ist dort eben keine heimische Bienenrasse, und man versucht mit denselben Mitteln und subjektiven Argumenten, mit denen man damals die Carnica als fremde Biene hier etabliert hat (»besser geeignete Biene«), nun eine Dunkle Biene von außerhalb zu etablieren. Außerdem hat sich seit damals das Gesicht der Vegetation und Landwirtschaft wesentlich geändert, und wir können davon ausgehen, dass sich auch das Klima langsam ändert. Es stellt sich daher die Frage, ob die ursprüngliche Dunkle Biene heute tatsächlich noch optimal angepasst wäre.

Bienenhaltung ist zudem nicht ausschließlich Privatsache. Da meine Bienen sich mit denen meiner Nachbarn paaren, hat die Entscheidung für eine Bienenrasse auch immer Auswirkungen auf meine Umgebung. Heute finden wir folgende Situation vor: Jeder Imker entscheidet frei, welche Bienenrasse er halten will, und besorgt sich Carnica, Buckfast oder Dunkle Bienen bzw. deren Königinnen von irgendwoher. Es ist also unter den momentanen Umständen unmöglich, dass sich eine lokal angepasste Bienenrasse neu etablieren kann. Wer gezielt züchten will, muss auf künstliche Mittel wie Belegstellen oder gar künstliche Besamung setzen.

Vernünftig aus wesensgemäßer Perspektive wäre dagegen eigentlich eine ortsfeste Vermehrung über eine freie Paarung mit Drohnen aus der Nachbarschaft (»Standbegattung«) bei gleichzeitigem Verbot von jeglichem Bienen- oder Königinnenimport. So könnten sich mittelfristig neue lokal angepasste Rassen entwickeln. Dieser Gedanke ist heute leider etwas utopisch. Viele wesensgemäße Imker verhalten sich aber dennoch entsprechend. Sie vermehren ihre Bienenvölker nur über Standbegattung und beziehen neue Bienenvölker oder Königinnen nur von Imkern aus der Region. Sie fragen also nicht nach der Rasse, sondern versuchen ihren Teil dazu beizutragen, jeweils neue »Landrassen« aus den derzeit lokal vorkommenden Bienenvölkern zu etablieren – auch wenn das nur schwer gelingen kann, solange sich nicht ein größerer Teil der Imkerkollegen ebenso verhält. Wenn sich die Imkerschaft aber einig wäre, könnte es bald neue, lokal angepasste Bienenrassen geben.

Aspekte einer wesensgemäßen Bienenhaltung

Es gibt aus wesensgemäßer Sicht keine Alternative zur ortsfesten Bienenhaltung mit Standbegattung. Jeder Imker sollte versuchen, seine Bienenhaltung mit Bienen von lokalen Züchtern zu beginnen und diese dann lokal weitervermehren.

Wabenbau

Das Wildvolk beginnt sofort nach der Inbesitznahme einer neuen Wohnhöhle mit dem Bau von Waben. Der starke Bautrieb ist unmittelbar mit dem Schwarmtrieb verbunden. Naturschwärme bauen wesentlich besser als künstlich gebildete Schwärme. Bei Kunstschwärmen entwickelt sich der Bautrieb erst aus der Notlage heraus, dass ein Bienenvolk ohne Waben nicht existieren kann. Die Bienen in Naturschwärmen sind schon vor dem Schwarmakt auf diese Herausforderung physiologisch vorbereitet worden und haben stärker ausgebildete Wachsdrüsen. In den ersten Wochen werden die Waben gebaut, die das Bienenvolk unbedingt zum Leben braucht. Danach wird nur noch gebaut, wenn zusätzliche Wabenzellen für Vorräte oder die Vergrößerung des Brutnestes benötigt werden. Die Bienen schwitzen dazu Wachsplättchen aus Drüsen an der Unterseite des Körpers aus, kneten sie mit den Mandibeln, den Mundwerkzeugen der Bienen, und verbauen sie dann zu Waben mit erstaunlichen Eigenschaften. So können Waben, die nur aus 100 Gramm Wachs bestehen, zwei Kilo Honig tragen. Der Baustoff wird also von den Bienen selbst produziert und die Waben sind integraler Teil des Superorganismus Bien (siehe Seite 30).

Das gesamte Leben der Bienen spielt sich auf den Wabenflächen ab. Im Inneren des Stocks ist es dunkel und die Bienen können sich hier nur »zu Fuß« bewegen. Ein Teil der Kommunikation zwischen den Bienen läuft über Schwingungen, die sich über die Waben ausbreiten. Wenn Bienen Waben ohne Vorgaben durch einen Imker frei bauen können, bauen sie so, dass möglichst große zusammenhängende Wabenflächen entstehen. Die primäre Orientierung der

Das Baumaterial für die Waben produzieren die Bienen nach Bedarf selbst: Das Wachs wird in speziellen Drüsen gebildet und »ausgeschwitzt«.

Waben im Verhältnis zur Himmelsrichtung bringen die Bienen aus ihrem alten Volk mit. Da sie einen Magnetsinn haben, bauen sie in der Ausrichtung, die sie selbst beim Heranwachsen in der Wabenzelle kennengelernt haben.

Wild gebautes Wabenwerk sieht sehr organisch aus. Nicht immer sind die Waben streng parallel. Sie sind unterschiedlich dick, manchmal verlaufen sie in Kurven oder sind aneinandergebaut. Theoretisch gibt es drei Zellmaße: Arbeiterinnenzellen, Drohnenzellen und Weiselzellen. In der Praxis ist der Querschnitt der Zellen in gewissen Grenzen variabel. Nicht jede Zelle wird exakt gleich groß gebaut, und durch das Bebrüten werden die Zellen mit jedem Brutzyklus enger, weil die Haut der Puppe zurückbleibt und die Zelle wie eine Tapete auskleidet. Das Wabenwerk ist auch sonst ständigen Veränderungen unterworfen. Die Nutzung der einzelnen Wabenzellen variiert über das Jahr und ist auch abhängig vom Alter und Zustand des Bienenvolkes. Alte Waben, die längere Zeit nicht genutzt werden, weil das Volk beispielsweise nach Abgang eines Schwarms zunächst wieder kleiner ist, werden von Wachsmotten gefressen und zersetzt. Waben, die durch häufiges Brüten zu eng geworden sind, können von den Bienen abgenagt und neu aufgebaut werden. Ein weiterer natürlicher Weg zur Erneuerung des Wabenwerks ist das Schwärmen. Die ausziehenden Schwärme bauen neue Waben, Altvölker leben nicht ewig. Wenn ein Bienenvolk stirbt, entsorgt die Wachsmotte das alte Wabenwerk.

Es gibt eine komplexe räumliche Ordnung im Bienenvolk. Brut und Vorräte werden nicht willkürlich auf den Waben verteilt. Das Brutnest liegt stets in der Nähe des Fluglochs, die kurzfristigen Vorräte an Pollen und Honig werden wie eine Kappe um das Brutnest herum gelagert. Die langfristigen Honigvorräte für den Winter lagern möglichst weit entfernt vom Flugloch. Es gibt »Tanzböden«, in denen heimkommende Bienen ihren Schwestern durch den Bienentanz mitteilen, wo Nektarquellen zu finden sind. Es gibt zwischen den Brutzellen auch leere Zellen, die eine Funktion haben. In ihnen stecken z. B. Heizerbienen, die die Brut wärmen, und manche

Zellen werden als Schlafkojen genutzt. Orientierung im »Stockdunkeln« bieten vor allem Duftstoffe, die auf den Waben hinterlassen werden und wie Landkarten oder Wegweiser wirken. Dieses Phänomen ist auch von Ameisenstraßen bekannt. Aus Sicht des Biens ist es also keine gute Idee, diese Ordnung durcheinanderzubringen.

Es gilt als größte Errungenschaft der modernen Imkerei, mit beweglichen, standardisierten Waben imkern zu können. Künstliche Mittelwände geben ein einheitliches Zellmaß für Arbeiterinnenbau vor, Drohnenbau (bis auf den »Baurahmen« zur Varroabekämpfung) und Weiselzellen sind eigentlich nicht erwünscht. Da alle Waben einzeln in Holzrähmchen stecken, die die Sicht in die Wabengassen verdecken, ist man als Imker gezwungen, regelmäßig Waben zu entnehmen, um den Zustand des Bienenvolkes beurteilen zu können. Die Beweglichkeit der Waben ermöglicht Betriebsweisen, bei denen ständig die Ordnung im Bienenvolk durcheinandergewürfelt wird. Man hängt Waben aus dem Brutraum in den Honigraum hoch, damit die Bienen ihn trotz eines Absperrgitters überhaupt annehmen. (Das Absperrgitter verhindert, dass die Königin in den Honigraum gelangen kann. Für die Bienen bleibt der Raum dadurch fremd. Wenn man aber eine Brutwabe dorthin hängt, müssen die Bienen in den Raum, weil sie die Brut nicht unversorgt lassen können.) »Jungvölker« werden gebildet, indem man alte Waben aus dem Brutnest mit aufsitzenden Bienen entnimmt und in eine neue Beute steckt. Bauerneuerung wird betrieben, indem die Brutwaben kontinuierlich im Rotationsverfahren ausgetauscht werden. Das Wabenwerk des Bienenvolks ist stark fragmentiert. Wo ein Wildvolk vielleicht maximal 12 bis 15 große Waben baut, verteilt sich ein Magazinbienenvolk im Sommer auf mindestens 30 bis 40 Waben.

Bienen befestigen ihre natürlich gebauten Waben an der Decke und stabilisieren sie an den Seitenwänden ihrer Behausung. Unten lassen sie sie frei hängen. Das verbessert die Schwingungseigenschaften, und an den Wabenunterkanten werden die Weiselzellen gebaut. Holzrähmchen mit Mittelwänden behindern das Schwingen der Waben und bringen viel Holz als Fremdkörper in den Wabenkörper des Biens. In der Regel werden die Waben vom Imker zusätzlich mit Drähten stabilisiert, was einen weiteren Fremdkörper darstellt.

Wer ein Bewusstsein für das Bienenvolk als Organismus hat und die Waben als Teil des Tiers »Bien« betrachtet, kann Bienen so nicht halten. In naturnahen Haltungsformen ist daher der Naturwabenbau auch der kleinste gemeinsame Nenner. Mobilbau-Betriebsweisen, bei denen Waben in Rähmchen eingebaut sind und einzeln entnommen werden können, sind dagegen auch unter naturnahen Imkern üblich. Meiner Meinung nach ist das ein großer blinder Fleck. Selbst wenn man versucht, Eingriffe im Brutnest auf ein Minimum zu reduzieren, bleibt einem im Mobilbau nichts anderes übrig, als zur Kontrolle dort regelmäßig Waben herauszuziehen. Wer seine Bienenvölker auf der Grundlage des natürlichen Schwarmtriebs vermehren will, der ja eine wesentliche Säule der wesensgemäßen Bienenhaltung darstellt, muss sogar häufiger das Brutnest kontrollieren als konventionelle Imker, die den Schwarmtrieb unterdrücken. Wenn man nicht riskieren will, dass die Schwärme ungesehen davonfliegen und später zugrunde gehen, muss man in der Schwarmzeit regelmäßig im Brutbereich nach Zeichen von Schwarmstimmung wie beispielsweise Weiselzellen suchen. Falls

Aspekte einer wesensgemäßen Bienenhaltung

Die Integrität des Körpers »Bien« sollte so weit wie möglich geachtet werden. Das Bienenvolk muss seine Waben selbst bauen können, ohne dass regulierend eingegriffen wird. Waben im Brutnest sollten im normalen Betrieb nicht bewegt werden müssen. Mobilbau in Holzrähmchen ist unter wesensgemäßen Gesichtspunkten problematisch. Traditioneller Stabilbau in Körben und Klotzbeuten kann im Zeitalter von Varroa und Faulbrut und unter handwerklichen Gesichtspunkten keine Alternative für das Gros der Imker sein.

man sich für eine Schwarmvorwegnahme (siehe Seite 119) entscheidet, muss man sogar das komplette Bienenvolk durchsehen, um die Königin zu finden.

Die heute verbreiteten Mobilbaukonzepte sind für eine intensive Bienenhaltung optimiert. Man kann sehr schnell und effizient den Organismus Bien zerlegen. Es gab lange Zeit keine zeitgemäßen Konzepte, um die notwendigen Betreuungsmaßnahmen durchzuführen, ohne das Bienenvolk antasten zu müssen. Das Wissen um traditionelle Arten der Bienenhaltung in Klotzbeuten (aus ausgehöhlten Baumstämmen), Körben und anderen Stabilbausystemen wird heute kaum noch gelehrt, wobei traditioneller Stabilbau unter den heutigen Umweltbedingungen, Krankheitsbelastungen und ökonomischen Sachzwängen auch schwierig geworden ist. Um dem Bien gerecht zu werden, benötigen wir neue Konzepte, die eine eingriffsarme und zugleich verantwortungsvolle Bienenhaltung ermöglichen.

Standort und Behausung

Der Verhaltensforscher Thomas D. Seeley hat in jahrzehntelangen Freilandversuchen sehr gründlich untersucht, wie sich Wildschwärme natürlicherweise ansiedeln. Ein Bienenschwarm sucht seine neue Wohnung nicht in unmittelbarer Nähe des Muttervolks. Entfernungen unterhalb von 100 Metern können Bienen nicht zielgerichtet über ihren Schwänzeltanz angeben. In diesem Umkreis ist die Gefahr von Räuberei und Krankheitsübertragung durch Verfliegen viel höher als bei einem größeren Abstand. Seeley ermittelte einen durchschnittlichen Abstand von 850 Metern bei Wildvölkern, wobei dieser auch von der Nahrungsversorgung abhängt.

Die Bienen siedeln sich bevorzugt in einer Höhe von vier bis elf Metern an. Dadurch sind sie vor natürlichen Feinden wie Bären geschützt, und schwache, kranke Bienen können nicht so einfach in das Volk zurückkrabbeln. Sie bevorzugen Behausungen mit Fluglöchern, die nach Süden zeigen. Als Volumen der Wohnhöhlen – in Mitteleuropa oft hohle Bäume – werden überraschende 30 bis 60 Liter bevorzugt. Ein konventioneller Imker würde das für deutlich zu klein halten. Dieses kleine Volumen führt unweigerlich dazu, dass das Wildvolk im Normalfall jedes Jahr relativ früh in den Schwarmtrieb kommt und sich teilt. Ein weiterer Vorteil kleiner Wohnungen ist zudem, dass sie leichter kontrolliert und sauber gehalten werden können. Wenn man Völkern ausschließlich größere Wohnungen anbietet, werden Nestvolumen bis maximal 100 Liter besiedelt und genutzt.

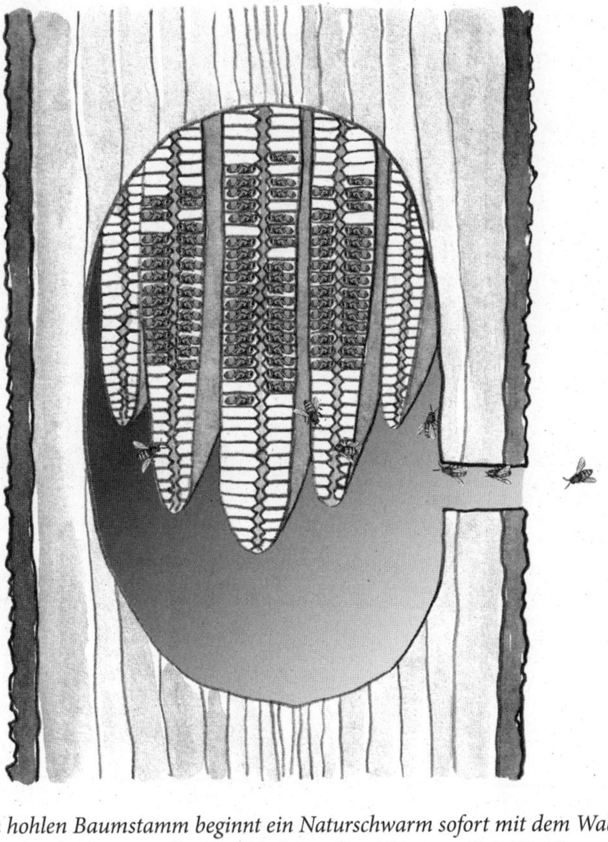

In einem hohlen Baumstamm beginnt ein Naturschwarm sofort mit dem Wabenbau. Bevorzugt werden Wohnhöhlen, die nicht zu groß sind und deren Einfluglöcher nach Süden zeigen.

Auch die Größe und Lage des Eingangs ist ein Auswahlkriterium für die Wahl der Wohnung. Unterhalb des Wabenkörpers liegende Fluglöcher werden bevorzugt. Für die Größe hat Seeley zehn bis 15 Quadratzentimeter als ideales Maß gefunden. Solch kleine Fluglöcher erleichtern es den Bienen, sich vor Feinden zu verteidigen. Für die Klimatisierung im Nest spielt die Größe des Fluglochs dagegen keine so große Rolle, wobei man bedenken muss, dass die von Seeley untersuchten wild siedelnden Völker im Wald vor Sonneneinstrahlung geschützt waren.

Bienen versuchen das Klima in ihrem Nest sehr genau zu kontrollieren. Zudem kommunizieren sie auch über Duftstoffe (Pheromone). In einer natürlichen Nisthöhle sind die Waben oben und an den Seiten fest mit der Wand verbaut. Dadurch bildet sich in den Wabengassen ein geschütztes Kleinklima. Der Imker Johann Thür hat dieses Phänomen in seinem Buch zur Bienenzucht als »Nestduftwärmebindung« bezeichnet und brachte damit zum Ausdruck, dass das Klima zwischen den Waben sehr stabil bleibt. Die warme, pheromon- und propolishaltige Luft steigt nach oben und kann dort wegen der abgeschlossenen Wabengassen nicht entweichen. Sie ist in den Wabengassen gewissermaßen »gebunden«.

Aspekte einer wesensgemäßen Bienenhaltung

So mögen Bienen ihre Behausung am liebsten:

- Das Flugloch sollte nicht zu groß und möglichst nach Süden ausgerichtet sein.
- Eine Einzelaufstellung ist besser als die Gruppenaufstellung.
- Bienenkästen sollten mit einem gewissen Abstand zum Boden aufgestellt werden.
- Rähmchen und andere Konstruktionsmerkmale, die die Nestduftwärmebindung verhindern, sollten vermieden werden.
- Das Volumen der Bienenwohnung sollte 100 Liter nicht überschreiten.

Im konventionellen Mobilbau herrschen dagegen gänzlich andere Bedingungen. Es ist heute üblich, Bienenvölker auf einem offenen, vergitterten Boden zu halten. Die Holzrähmchen, in denen die Waben eingebaut sind, haben einen Abstand zum Rand und nach oben zur nächsten Etage. Dieser Beespace (siehe Seite 22) ist nötig, damit die Waben beweglich bleiben. Gleichzeitig verhindert diese Bauweise aber, dass sich ein stabiles Kleinklima in den Wabengassen bilden kann.

Es macht keinen Sinn, die von Seeley gefundenen Werte einfach als allgemeine Norm für naturnahe Bienenhaltung zu betrachten. Sie stellen Durchschnittswerte dar und variieren zum Teil mit den Umweltbedingungen. Seeley führte seine Versuche in einem lichten Wald mit guter Nahrungsversorgung durch. Zudem lassen sich nicht alle der genannten Parameter so einfach berücksichtigen, wenn das Bienenvolk auch noch imkerlich betreut werden soll. Bei der Konstruktion und Aufstellung von Bienenwohnungen sollte man die Erkenntnisse von Seeley aber im Sinn behalten.

Ernährung der Bienen

Ein Bienenvolk benötigt im Jahr – je nach Größe – weit über 100 Kilogramm Nektar und bis zu 50 Kilogramm Pollen. Das Sammelgebiet umfasst – je nach Jahreszeit – einen Umkreis von wenigen Hundert Metern bis zu drei Kilometern. Der größte Teil des Nektars wird sofort verbraucht – als »Treibstoff« und bei der Produktion von Wachs. Der Rest wird in haltbarem Honig als Winterfutter und für die Überbrückung von Trachtpausen eingelagert. Der Winterverbrauch liegt bei etwa zehn bis 15 Kilogramm Honig. Die Vorräte im Bienenvolk sollten zu keiner Zeit fünf Kilogramm unterschreiten. Andernfalls reduzieren die Bienen ihre Brutaktivitäten, um Vorräte zu sparen, und geraten in der Folge in eine Abwärtsspirale.

Die Bedeutung des Pollens wird leicht unterschätzt. Er liefert die Bausteine, aus denen neue Bienen entstehen: Proteine, Mineralien und Fette. Pollen ist nicht lange lagerfähig. Ein brütendes

Volk braucht ständig Nachschub an Pollen. Es liegt auf der Hand, dass eine ausreichende und abwechslungsreiche Versorgung mit Nektar und Pollen für die Gesundheit des Bienenvolkes existenziell ist. Leider ist die Versorgungslage in vielen Gebieten Mitteleuropas wegen der intensiven Landwirtschaft mangelhaft. Wenn überhaupt, gibt es an einem Standort einmal im Jahr eine gute Tracht, z. B. im Obst- oder Rapsanbau. Den Rest des Jahres finden die Bienen eine ausgeräumte Landschaft ohne blühende Wildpflanzen vor. Auch die Bienendichte spielt für die gute Versorgung der Bienenvölker eine Rolle. Sie muss der Ertragslage des Standorts angepasst sein. Als Richtwert kann heute in Mitteleuropa eine Bienendichte von zehn Völkern pro Quadratkilometer gelten.

Fehlende Nektarversorgung kann notfalls noch relativ leicht mit Zucker ausgeglichen werden. Das kann während der Bienensaison aber nur in Notfällen praktiziert werden, weil der anschließend geerntete Honig nicht mehr verkauft werden darf. Es ist dagegen üblich, mit Bienenvölkern verschiedene Monokultur-Trachtquellen nacheinander anzuwandern, um höhere Erträge erzielen zu können. Oft werden mit den Bienenvölkern Hunderte von Kilometern zurückgelegt. Aus wesensgemäßer Perspektive ist das permanente Verstellen von Bienenvölkern keine Option. Im natürlichen Leben eines Bienenvolks kommt dies nicht vor. Reise und Ortswechsel bedeuten für die Bienenvölker großen Stress, und das Wandern ist der Hauptgrund für die schnelle Verbreitung von Krankheiten.

Bei der Überwinterung ist Zuckerfütterung heute gängige Praxis. Früher war es auch für den Imker selbstverständlich und gar nicht anders möglich, dass man den Bienen ihren eigenen Honig zur Überwinterung gelassen hat und nur so viel von den Überschüssen genommen hat, dass das Volk noch ausreichende Reserven hat. Heute gibt es industriellen Zucker, der deutlich billiger ist als Honig. So macht es ökonomisch Sinn, den Bienen ihren gesamten Honig zu nehmen und durch ernährungsphysiologisch wertlosen weißen

Zucker zu ersetzen, von dem sie sich mehr als ein halbes Jahr lang ausschließlich ernähren müssen. Aktuelle wissenschaftliche Studien zeigen, dass sich die reine Zuckerfütterung negativ auf die Lebensdauer der Bienen auswirkt und Schäden im Verdauungstrakt der Bienen hervorruft. Die Zuckerfütterung hat zudem negative Auswirkungen auf Immunsystem, Hirnfunktionen und Entgiftungsprozesse der Bienen.

Um eine abwechslungsreiche Pollenversorgung machen sich viele Imker keine großen Gedanken. Das war früher anders. Der Bienenwissenschaftler Wolfgang Ritter erinnert in einem Fachartikel über naturgemäße Bienenhaltung daran, dass früher »die Ausgabe von Weidenstecklingen ein fester Bestandteil im Jahreslauf eines Imkervereins« war. Durch diese Verbesserung der Pollenversorgung im Frühjahr konnten in den 1960er- und 1970er-Jahren die Bienenverluste wegen der Tracheenmilbe und der Nosematose deutlich reduziert werden.

Aspekte einer wesensgemäßen Bienenhaltung

So können sich Bienen gesund ernähren:

- Der Imker muss für eine ausreichende und ausgeglichene Versorgung mit Pollen und Nektar sorgen.
- Die Bienen sollten auf ihrem eigenen Honig überwintern können.
- Eine Betriebsweise, die auf Wandern und Zuckerfütterung basiert, kann nicht wesensgemäß sein.
- Die Bienendichte sollte dem Standort angemessen sein.
- Die Sorge für eine blühende Landschaft gehört zu den Aufgaben des Imkers. Er sollte selbst Trachtpflanzen aussäen und anpflanzen und andere Menschen – insbesondere Landwirte und Kommunen – dazu ermutigen.

Abwehr von Krankheiten

Das Wildvolk hat verschiedene natürliche Mechanismen der Krankheitsabwehr. Innerhalb des Nestes gibt es ein ausgeprägtes hygienisches Verhalten der Bienen. Alle Oberflächen werden ständig geputzt und mit einem Propolisfilm überzogen, der gegen Bakterien, Viren und Pilze wirkt. Tote Bienen und kranke Brut werden aus dem Stock herausgeschleppt und in einiger Entfernung abgelegt. Zum Abkoten verlassen die Bienen den Stock.

Die einzelne Biene hat kein besonders wirksames Immunsystem. Die Bekämpfung von Krankheiten findet daher vor allem auf der Ebene des Organismus Bien statt. Bienen, die sich krank fühlen, verlassen den Stock, um draußen zu sterben und ihre Schwestern nicht anzustecken. Der Verlust an Bienen wird durch die kontinuierliche Aufzucht neuer Bienen ausgeglichen. Aus diesem Grund ist der leere Bienenstock das typische Schadbild bei Varroa. Wenn sich plötzlich die meisten Bienen durch einen exponentiellen Anstieg der Varroabelastung krank fühlen, verlassen sie innerhalb kürzester Zeit den Stock, und die wenigen zurückbleibenden Bienen mit der Königin können den Betrieb nicht mehr aufrechterhalten und sterben ebenfalls. Zurück bleibt oft nur eine Handvoll Bienen.

Viele ernsthafte Krankheiten des Biens sind Brutkrankheiten. Der Schwarmtrieb ist daher ein weiterer wichtiger Faktor für das Überleben des Biens. Der Schwarm lässt die Brut und das alte Wabenwerk zurück und fängt neu an. Wenn das Muttervolk aufgrund von Brutkrankheiten zugrunde geht, erhalten die Schwärme, die zuvor jedes Jahr ausgezogen waren, die Art. Das alte Nest wird von Wachsmotten beseitigt, und später wird die Nisthöhle gerne wieder von einem Wildvolk besiedelt.

Das »Baukasten-Imkern« in der konventionellen Bienenhaltung ist daher ein ganz wichtiger Faktor bei der Verbreitung von Krankheiten. Neue Bienenvölker werden dabei über Ableger gebildet. Man nimmt wenige Brutwaben mit den ansitzenden Bienen heraus und gibt eine künstlich gezüchtete Königin dazu. Auf diesem Weg bekommt das neue Bienenvolk alle Brutkrankheiten und

Varroamilben des Ausgangsvolkes mit. Es ist außerdem auch üblich, Futterwaben zwischen Bienenvölkern zu tauschen. Wenn ein Volk im Frühjahr zu wenige Vorräte hat, nimmt man aus einem anderen Volk überschüssige Futterwaben heraus und hängt sie um. Im Honig können Viren und Faulbrutsporen enthalten sein. Auch er ist Teil des Organismus Bien, und fremden Honig zu verfüttern, ist vielleicht ein wenig mit einer Blutspende vergleichbar und mit entsprechenden gesundheitlichen Risiken verbunden. Wer Bienenvölker oder gebrauchte Bienenkästen an einen anderen Ort verbringt, kann auf diesem Wege ebenfalls der Ausbreitung von Krankheiten Vorschub leisten. Die Pflicht, nur mit Gesundheitszeugnis zu »wandern«, stellt in der Praxis keinesfalls sicher, dass nur gesunde Völker verstellt werden.

Manchmal ist eine Krankheitsneigung auch genetisch begünstigt und das Auswechseln der Königin, das ja im Muttervolk bedingt durch das Schwärmen regelmäßig stattfindet, sorgt für Heilung. Auf lange Sicht ist die natürliche Selektion durch das häufige Schwärmen ein sehr wichtiger Faktor für die Entwicklung von vitalen und an die lokalen Bedingungen gut angepassten Wildvölkern. Da diese natürliche Selektion heute nicht mehr stattfindet und die Bienen dank der Globalisierung mit Krankheiten und Parasiten konfrontiert sind, die eine schnelle genetische Anpassung unmöglich machen, liegt die Vitalität des Bienenvolkes heute in der Verantwortung des Imkers.

Es ist nicht möglich und wäre hochgradig verantwortungslos, die Bienen einfach sich selbst zu überlassen, in der Hoffnung, dass die Natur es schon regeln wird. Das lokale Herausbilden von genetisch resistenten Bienenrassen wird durch den ständigen Import von Bienen aus anderen Regionen und das Wandern mit Bienenvölkern erheblich erschwert, wenn nicht gar zunichtegemacht. Und es ist nicht selbstverständlich davon auszugehen, dass die Europäische Honigbiene jemals ausreichende genetische Resistenzen gegen die Varroamilbe entwickeln kann. Der Weg der Evolution ist nicht vorgezeichnet. Nur weil es dem Menschen als wünschenswert erscheint,

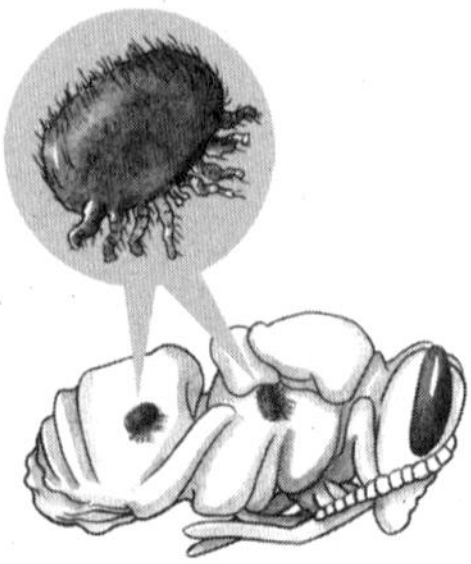

Varroamilben vermehren sich in den Brutzellen der Bienen. Sie »zapfen« die Bienenlarven an, schwächen sie und übertragen Viren.

bedeutet das nicht automatisch, dass bei dem Experiment, Varroamilben und Bienen ohne menschliche Eingriffe sich selbst zu überlassen, die Bienen als Sieger hervorgehen werden. Vielleicht würden sie in manchen Regionen auch aussterben bzw. eine kümmerliche Randexistenz führen.

Aber es gibt auch Beispiele dafür, dass eine Koexistenz von standortangepassten Bienenvölkern und Varroamilben gelingen kann. Auf der schwedischen Insel Gotland wurden im Jahr 1999 als Ausgangspopulation 150 Bienenvölker aufgestellt, die ohne imkerliche Eingriffe weitgehend sich selbst überlassen wurden. Nach vier Jahren lebten nur noch acht Völker. Danach ging die Völkerzahl langsam hoch, sodass 2005 wieder 13 Völker lebten, die offensichtlich zu einer Koexistenz mit den Varroamilben gelangt sind.

Der Bienenwissenschaftler Thomas D. Seeley dokumentierte 1978 in einem 1600 Hektar großen Forschungsgebiet in dem im US-Bundesstaat New York liegenden Arnot-Forschungswald alle wild lebenden Bienenvölker. Nach Abschluss der Forschungsarbeit dachte er 25 Jahre nicht mehr an diese Völker. Die Diskussion um die Überlebensfähigkeit wild lebender Bienenvölker angesichts der Varroamilben hat ihn 2002 dazu angeregt, die damals besiedelten Bäume erneut aufzusuchen. Fast alle Bäume waren immer noch mit Bienen besiedelt. Seeley stellte durch weitere Forschungsarbeiten sicher, dass die Völker tatsächlich mit Varroa belastet waren und in einer genetischen Linie mit den ursprünglich untersuchten Bienenvölkern standen. Er konnte durch Genuntersuchungen nachweisen, dass die Population – genau wie beim Gotland-Experiment – durch einen engen genetischen Flaschenhals gegangen war, und dass daraus eine an die lokalen Bedingungen angepasste

Bienenpopulation entstanden war, die trotz der Varroamilbe überleben kann.

In Deutschland entsteht gerade eine neue Zeidel-Bewegung, bei der wilde Bienenvölker in Wäldern angesiedelt werden. Der Begriff »Zeidler« stammt vom altdeutschen Wort »zeideln« und bedeutet »Honigwaben ausschneiden«. Als Zeidler wurden die Waldimker bezeichnet, die den Honig von wild lebenden Bienenvölkern geerntet haben. Man hofft mit dieser Initiative, stabile Wildpopulationen ohne Varroabehandlung neu errichten zu können.

Wenn man überlebende Wildvölker untersucht, stellt man fest, dass die Varroaresistenz nicht alleine genetisch verankert ist, sondern sehr viel mit einer Interaktion zwischen Völkern und Standort zu tun hat. Die genauen Prozesse und Ursachen, die zu einer Koexistenz zwischen Bienen und Varroamilben führen können, sind noch nicht verstanden. Es wurde beobachtet, dass die überlebenden Wildvölker kleiner sind – also aus weniger Einzelbienen bestehen –, weil sie weniger Brut pflegen. Das bietet auch den Varroamilben schlechtere Entwicklungsbedingungen. Was aber bei den von Prof. Thomas D. Seeley dokumentierten Bienenvölkern keine Rolle spielt – aber immer wieder im Zusammenhang mit Varroaresistenz diskutiert wird –, sind die Bienenrasse (es sind Carnica- und Ligustica-Völker) oder die Zellgröße der Waben oder die Entwicklungsdauer der Bienenlarven (beides ist normal). Auch sind die Völker nicht aggressiver. Seeley sieht eher im »Verstecken« der Bienennester (große Höhe, kleines Flugloch, geringe Bienendichte) einen Überlebensvorteil.

Als wesensgemäße Imker können wir festhalten, dass wir im Blick auf diese Überlebensexperimente vieles richtig machen: Standbegattung, Vermehrung über den Schwarmtrieb, keine Manipulation des Wabenwerks und keine auf maximalen Honigertrag ausgerichtete Betriebsweise mit großen Völkern sind Faktoren, die die Vitalität der Bienenvölker nachweislich erhöhen.

Dennoch ist dies kein einfacher Weg mit Erfolgsgarantie, den man alleine und ohne imkerliche Erfahrung gehen kann. Da die

Bienenvölker einer Region miteinander in Kontakt stehen und Krankheiten durch Verfliegen und Räuberei verbreitet werden, ist die Sorge um die Gesundheit seiner Bienenvölker nicht alleine Privatsache des einzelnen Imkers. Er hat auch Verantwortung für die Bienenvölker seiner Nachbarn.

Anfänger möchte ich eindrücklich davor warnen, zu glauben, dass man seine Bienenvölker nicht mit den üblichen, gesetzlich zugelassenen Varroamitteln behandeln muss. Wenn wir das Gotland-Experiment als Beispiel nehmen, ist die Wahrscheinlichkeit, dass unbehandelte Bienenvölker innerhalb weniger Jahre nicht mehr leben, sehr hoch. Solche Versuche können nur Fachleute durchführen, und man braucht dafür eine große Ausgangsbasis an Bienenvölkern an möglichst abgeschirmten Standorten. Deshalb fordert selbst Prof. Seeley, trotz seiner bemerkenswerten Erkenntnisse zum Überleben wild lebender Bienenvölker, jeden Imker dazu auf, die Varroabelastung seiner Bienenvölker regelmäßig zu kontrollieren und bei Überschreiten der Schadschwelle gegen Varroa zu behandeln.

Aspekte einer wesensgemäßen Bienenhaltung

Bienenkrankheiten wirkungsvoll vorzubeugen und zu bekämpfen, kann so gelingen:

- Varroabelastung regelmäßig kontrollieren und bei drohender Überschreitung der Schadschwelle mit zugelassenen Mitteln behandeln.
- Bienenvölker nicht in Gruppen aufstellen und gleichmäßiger in der Landschaft verteilen.
- Häufige Erneuerung der Bienenvölker über den Schwarmtrieb zulassen.
- Krankheitsanfällige Bienenvölker auflösen.
- Keine fremden Waben und keinen fremden Honig in die Bienenvölker hineingeben.
- Keine Ableger bilden.
- Bienenvölker nur in Ausnahmefällen verstellen.

Der Tod gehört zum Leben

Der Tod als fundamentaler Bestandteil des menschlichen Lebens wird in unserer Gesellschaft immer mehr verdrängt. In der Medizin gilt der Tod als Scheitern. Wir haben kaum noch eine Vorstellung von einem guten Sterben. So überrascht es nicht, dass auch das Sterben eines Bienenvolks nur schwer ertragen wird und man gleich nach Schuldigen sucht. Die Palette der Schuldzuweisungen reicht von inkompetenten Imkern über Varroa, Pestizide bis hin zu Handystrahlen.

Anders als ein Säugetier kann ein Bienenvolk theoretisch tatsächlich ewig leben, denn alle seine Bestandteile erneuern sich permanent. Das Bienenvolk als Ganzes altert nicht. Arbeiterinnen leben – je nach Jahreszeit – zwischen mehreren Wochen und Monaten. Die Königin lebt bis zu fünf Jahre und wird vor ihrem Tod durch eine neue Königin ersetzt. Selbst das Wabenwerk kann von den Bienen erneuert werden. Der Organismus Bien muss daher nicht sterben, auch wenn er sich nach einigen Generationen genetisch stark gewandelt hat, da mit jedem Königinnenwechsel neue Gene ins Volk kommen. Dieser genetische Wandel hat aber nur dann einen Sinn, wenn auch Bienenvölker sterben. Nur so können sich die Völker an eine wandelnde Umwelt optimal anpassen. Von den Wildvölkern erreichen – je nach Alter – zwischen 25 und 80 Prozent das nächste Frühjahr.

Der konventionelle Imker hat aber durch seine baukastenartige Betriebsweise die Möglichkeit, diese natürlichen Prozesse selbst in die Hand zu nehmen und den Traum vom ewigen Leben zumindest in seinem Bienenvolk zu verwirklichen. Wenn man sein Handwerk beherrscht, muss ein Bienenvolk als Organismus nicht mehr sterben. Man hat ja jederzeit die Möglichkeit, einzelne Teile auszuwechseln und aus mehreren Bienenvölkern ein neues »zusammenzubasteln«. Die Königin kann ersetzt werden, die Waben sind normalerweise sowieso schon aus künstlichen Rohlingen gefertigt und können beliebig getauscht werden, schwache Völker erhalten als »Frischzellen-Kur« Bienen aus anderen stärkeren Völkern usw.

Vor diesem Hintergrund ist die relativ hohe Sterblichkeit von Bienenvölkern tatsächlich ein Hinweis darauf, dass viele konventionelle Imker diese Art der intensiven Bienenhaltung nicht gut beherrschen oder nicht konsequent genug umsetzen. Wahrscheinlich schlagen zwei Herzen in der Brust der meisten Imker, die ja hierzulande im Durchschnitt gerade mal eine Handvoll Bienenvölker betreuen. Wer seine Bienenvölker als reinen Baukasten betreibt, raubt ihnen die persönliche Identität und degradiert sie zu reinen Honigmaschinen. Viele Freizeitimker haben eigentlich keine Freude daran, so mit ihren Bienen umzugehen, sie kennen aber auch keine Alternative.

Wer ein Bienenvolk konsequent naturnah hält, wird daher keine besseren Überlebensraten haben als konventionelle Imker, die ihr Handwerk wirklich verstehen. Diese Hoffnung wird ja häufig mit der naturgemäßen Bienenhaltung verknüpft. Das liegt aber weder daran, dass die naturgemäßen Imker etwas falsch machen, noch daran, dass konventionelle Bienenvölker gesünder sind. Hier werden vollkommen verschiedene Dinge miteinander verglichen. Wenn z. B. ein wesensgemäßer Imker ortsfest Bienen hält und ausschließlich über den natürlichen Schwarmtrieb vermehrt, dann hat er vielleicht einen natürlichen Zuwachs von etwa 30 bis 50 Prozent seiner Bienenvölker pro Jahr. Wenn nun jedes Jahr im gleichen Umfang Völker sterben würden, hätte er unterm Strich – naturgemäß gesehen – eigentlich keinerlei Verluste im Völkerbestand. In der Natur würden die schwachen bzw. nicht optimal angepassten Völker, aber auch die Völker, die einfach nur Pech hatten, sterben. Junge, vitale Schwärme geben das Staffelholz weiter.

Der konventionelle Imker lässt es dazu gar nicht kommen. Wenn er eine Königin auswechselt, mit deren Leistung er nicht zufrieden ist, bedeutet das faktisch den genetischen Tod des Volkes. Seine »Betriebsmittel« existieren aber weiter. Wenn ein schwaches, nicht überlebensfähiges Volk im Herbst aufgelöst wird, gilt dies nicht als Winterverlust, sondern als gute fachliche Praxis. Der Imker hat einfach weniger Völker eingewintert, die dann aber größtenteils überleben.

Diese Maßnahmen werden natürlich nicht durchgeführt, um die Statistik zu schönen, sondern aus ökonomischen Gründen. Wozu Winterfutter an ein Bienenvolk verschwenden, das möglicherweise den Winter nicht überlebt? Warum zwei schwache Völker einwintern, die möglicherweise beide nicht überleben, wenn man sie vereinigen kann und für dieses eine Volk die Überlebenswahrscheinlichkeit deutlich erhöhen kann?

Auch ein wesensgemäßer Imker sollte kranke und schwache Bienenvölker nicht einfach zugrunde gehen lassen. Ich werde auf das Thema »Sterbehilfe« noch praktisch eingehen (siehe Seite 141). Neben ethischen Erwägungen spielt dabei vor allem die Ansteckungsgefahr für andere Bienenvölker eine wichtige Rolle. Es stellt sich aber die Frage, wie weit ich gehen will, um ein Bienenvolk am Leben zu lassen. Wozu soll ich ein kränkelndes, schwaches Volk retten, wenn durch das Schwarmgeschehen junge, vitale Bienenvölker darauf warten, eine Chance zu bekommen?

Wesensgemäß zu imkern bedeutet, aus dem Überfluss der Natur zu schöpfen. Die Entwicklung eines Bienenvolkes im Frühjahr geschieht mit einer unglaublichen Dynamik: Alles blüht, das Bienenvolk platzt plötzlich aus allen Nähten und diese Spannung will sich im Schwarmgeschehen entladen. Konventionelle Imker versuchen, diesem Prozess die Spitze zu nehmen, da der Schwarmprozess zulasten des Honigertrags geht. Das Bienenvolk wird permanent ausgebremst. Wo man den Bienen im Frühjahr Lebenskraft nimmt, greift man ihnen im Herbst stützend unter die Arme. Das

Aspekte einer wesensgemäßen Bienenhaltung

Es ist normal, dass Bienenvölker sterben. Bienenvölker sollten aber nicht unkontrolliert sterben. Kranke und schwache Völker müssen aufgelöst werden, um Ansteckungen zu vermeiden.

Der Völkerbestand sollte über den Schwarmtrieb kontinuierlich erneuert werden. Das sinnvolle Minimum für einen Imker sind drei Bienenvölker.

natürliche Bienenjahr hat aber viel ausgeprägtere Höhe- und Tiefpunkte. Als Kehrseite der großen Vitalität im Frühjahr kennt das Bienenvolk die Winterruhe, die für einzelne Völker auch im Tod münden kann.

Es ist nur möglich, einen entspannten Umgang mit diesen natürlichen Prozessen zu finden, wenn man mehrere Bienenvölker hält – entweder selbst oder in einer Gruppe von mehreren Imkern, die ihre Bienenhaltung als gemeinsames Projekt betrachten. Wer nur ein Bienenvolk hat, wird den Verlust seines Volkes verständlicherweise als große Katastrophe empfinden. Langfristig sind durchschnittlich drei Völker ein sinnvolles Minimum. Es ist kein Problem, mit nur einem Bienenvolk zu beginnen. Es ist dann aber sinnvoll, die Schwärme in den Folgejahren zunächst selbst zu behalten und die Imkerei nach und nach auf etwa drei Völker auszubauen.

Die Bienenkiste

»Die Bienenwohnung sei dem Bien genehm und dem Imker bequem.«

Ferdinand Gerstung

Wer das Bienenvolk als Ganzes wahrnimmt und die Waben als Teil des Körpers des Biens ansieht, dem fällt es schwer, im Mobilbau zu imkern. Jeder imkerliche Eingriff stellt eine Verletzung des Biens dar. Neben dem Stress für die Bienen bei der vorübergehenden Zerstörung des Brutnests und dem unangenehmen Gefühl, das man selbst dabei hat, ist auch bekannt, dass es nach einem Eingriff einige Tage dauern kann, bis die Verletzung des Brutkörpers wieder vollständig geheilt ist – insbesondere, wenn man die Ordnung im Brutnest verändert. Wir haben im vorangegangenen Kapitel außerdem gesehen, dass Rähmchen Fremdkörper im Wabenwerk darstellen und dass sie die Herausbildung eines stabilen Kleinklimas zwischen den Wabengassen verhindern. Es steht daher außer Frage, dass der natürliche Stabilbau aus Sicht des Biens die einzig sinnvolle Art ist, das Brutnest aufzubauen. In den von Thomas D. Seeley aufgezeigten Grenzen besiedeln Bienen jeden Hohlraum, unabhängig von der Geometrie. Bienen wurden von Menschen über Jahrtausende in künstlich ausgehöhlten Baumstämmen, Tonröhren oder Strohkörben im Stabilbau gehalten. Warum machen wir das heute nicht auch einfach wieder so, wenn wir Bienen wesensgemäß halten wollen?

Der Hauptgrund liegt darin, dass wir Bienen als eine Art Haustier halten und verantwortungsvoll betreuen wollen. Zum Erhalt unserer Kultur- und Landwirtschaft und unserer Existenzgrundlage sind wir auf die Unterstützung durch die Honigbienen angewiesen. Durch die massiven Eingriffe des Menschen in das Ökosystem würden unbetreute Bienen in vielen Regionen in der notwendigen Dichte nicht mehr überleben können. Eine gute Bienenbehausung muss deshalb auch für den Imker ausreichende Betreuungsmöglichkeiten bieten. Eine menschengemachte Bienenwohnung ist daher immer ein Kompromiss zwischen den Bedürfnissen des Biens und denen des Imkers. Wie er ausfällt, hängt von den Zielen ab, für die die Bienenwohnung entworfen worden ist.

In der wesensgemäßen Bienenhaltung geht es darum, eine Bienenwohnung zu haben, die den natürlichen Bedürfnissen des Biens möglichst optimal entspricht und gleichzeitig für die notwendigen imkerlichen Betreuungsmaßnahmen gut geeignet ist. Die Antwort auf die Frage, welche Betreuungsmaßnahmen man für notwendig erachtet, ist daher auch ein wesentlicher Faktor für die Konstruktion der Bienenwohnung und die damit verbundene Betriebsweise. Es ist klar, dass ein »Honigproduzent« hier andere Anforderungen hat als ein »Bienenbeobachter«.

Konventioneller Mobilbau

Seit Erfindung des Mobilbaus war das primäre Ziel bei der Konstruktion von Bienenwohnungen – ganz der Logik der kapitalistischen Marktwirtschaft folgend – die Ertrags- und Effizienzsteigerung. Ein Freizeitimker hält seine Bienen in einer Magazinbeute heute nicht viel anders als ein Großbetrieb mit mehreren Hundert oder Tausend Bienenvölkern. Neben der wesensgemäßen Kritik an der »Baukasten-Bienenhaltung«, dass die Integrität des Biens nicht geachtet wird, hat diese Art der Bienenhaltung auch für den Imker den Nachteil, dass sie nicht leicht zu erlernen ist.

In der konventionellen Bienenhaltung heißt der Schlüsselbegriff »Völkerführung«: Man hat ein bestimmtes Konzept, das auf Schwarmverhinderung und maximalen Honigertrag ausgerichtet ist, und versucht die Bienen durch gezielte Eingriffe in diese Richtung zu lenken. Damit das am Ende sinnvoll funktioniert und man an den richtigen »Schrauben« zur richtigen Zeit drehen kann, benötigt man einiges Fachwissen und Erfahrungen in dieser Betriebsweise. Diese Art der Bienenhaltung ist daher schwerer zu erlernen, als wenn man ein Bienenvolk bei seiner natürlichen Entwicklung einfach nur begleitet.

Auch bei der wesensgemäßen Bienenhaltung gilt es die Zeichen richtig zu deuten und einzugreifen, wo es für das Bienenwohl nötig ist. Aber das dafür nötige Wissen bewegt sich auf einer ganz anderen Ebene. Interessanterweise trauen viele konventionelle Imker

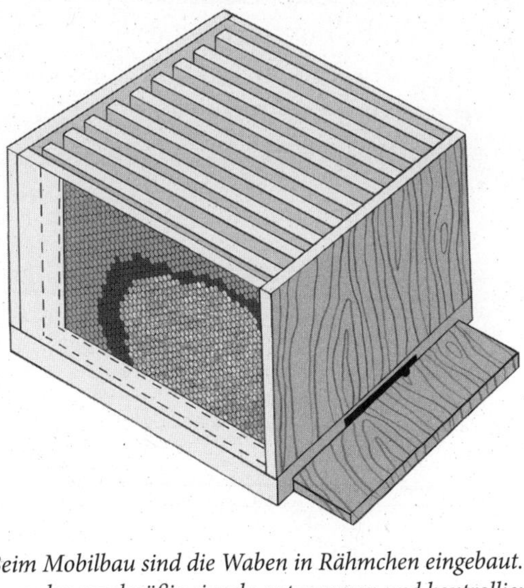

Beim Mobilbau sind die Waben in Rähmchen eingebaut. Sie werden regelmäßig einzeln entnommen und kontrolliert.

den natürlichen Lebensäußerungen des Biens nicht – weil sie diese nie unverfälscht kennengelernt haben. Sie können sich nicht vorstellen, dass es problemlos gelingen kann, Bienen ihr Wabenwerk vollständig selbst bauen zu lassen oder nur über den natürlichen Schwarmtrieb zu vermehren. Sie tauschen die Waben aus »hygienischen« Gründen alle ein bis zwei Jahre vollständig aus, weil sie sich nicht vorstellen können, dass ein Bienenvolk hygienischer ist als jeder Mensch. Ich habe schon oft erlebt, wie Imker mit jahrzehntelanger Erfahrung in konventioneller Bienenhaltung interessiert den Berichten von Anfängern gelauscht haben, die sich unbefangen auf eine wesensgemäße Bienenhaltung eingelassen und damit keine größeren Probleme hatten.

Bienenhaltung in Körben

In traditionellen Betriebsweisen hat man sich vor der Erfindung des Mobilbaus natürliche Verhaltensweisen der Bienen zunutze gemacht, um die Völker inspizieren und Honig ernten zu können, ohne das Wabenwerk komplett zerstören zu müssen. Bienen bauen ihre Waben von oben nach unten. Sie befestigen sie an der Decke der Nisthöhle und bauen sie dann so weit herunter, wie es die Stabilität der Waben zulässt. Es ist erstaunlich, welche Mengen Honig die weichen, leichten Wachswaben tragen können. Die Bienen nutzen auch die Seitenwände als zusätzliche Stabilisierung. Nur unten bauen sie die Waben nach Möglichkeit nicht an. Das hat verschiedene Gründe. Bienen kommunizieren über Schwingungen auf den Waben. Sie bauen außerdem an den Wabenunterkanten die Königinnenzellen, und sie müssen ja auch irgendwo von einer Wabengasse in die andere wechseln können. Nur wenn es anders nicht möglich ist, die Waben ausreichend zu stabilisieren, wird die Wabe auch am Boden angebaut, um sie von unten zu stützen. Auch aus klimatischen Gründen ist es vernünftig, die Waben nur unten offen zu lassen, denn Wärme steigt nach oben. Im Brutnest halten die Bienen eine Temperatur von etwa 36 Grad Celsius.

Der Honigüberschuss für den Winter und schlechte Zeiten wird möglichst weit entfernt vom Flugloch eingelagert. Auch das hat verschiedene Gründe. Zunächst einmal ist das Brutnest näher am Flugloch. Die Brut muss ernährt werden und der Pollen und der Honig für den kurzfristigen Bedarf werden um die Brut herum abgelagert. So gibt es kurze Wege. Die langfristigen Vorräte können weiter entfernt gelagert werden. Außerdem haben es dann auch Räuber schwerer, an sie heranzukommen. Sie müssen das gesamte Bienenvolk durchqueren, um an die Honigtöpfe zu gelangen.

Wenn man diese Gesetzmäßigkeiten verstanden hat, kann man sich das bei der Konstruktion der Bienenwohnung zunutze machen. Der traditionelle norddeutsche Strohkorb »Lüneburger Stülper« hat das Flugloch oben und ist unten offen. Er steht auf einer Unterlage, sodass er im Normalbetrieb auch nach unten verschlossen ist. Nach den beschriebenen Gesetzmäßigkeiten werden die Waben unten nicht angebaut. Man kann den Korb einfach anheben, umdrehen und dann in die Wabengassen hineinschauen, um einen Einblick in

Bienen in Körben wie dem »Lüneburger Stülper« zu halten, hat eine jahrhundertelange Tradition.

das Bienenvolk zu nehmen. Der Honigüberschuss wird unten, dort wo der Korb offen ist, abgelagert, weil dies der maximale Abstand zum oben liegenden Flugloch ist. Zur Ernte kann man den Korb umdrehen und von unten Streifen von den honiggefüllten Waben abschneiden. (In der Praxis ist die Betriebsweise des Lüneburger Stülpers noch etwas komplizierter. Das liegt daran, dass man ihn speziell zur Ernte von Heidehonig entwickelt hat.)

Die in Süddeutschland traditionell verwendeten »Alemannischen Drehrümpfe« machen sich diese Gesetzmäßigkeiten ebenfalls zunutze. Es sind auch runde Körbe, haben aber einen deutlich größeren Durchmesser, sind flacher und haben das Flugloch unten im Fuß integriert. Auch hier sind die Maße so gewählt, dass die Waben unten nicht angebaut werden müssen. Wie beim Lüneburger Stülper kann man den Korb umdrehen, um hineinzuschauen. Honigüberschüsse werden wie eine Kappe um das nach vorne zum Flugloch hin orientierte Brutnest abgelagert. Man erntet, indem man Waben am Rand auf der hinteren Seite des Korbs herausschneidet und den

Der »Alemannischen Drehrumpf« wurde jedes Jahr nach der Ernte um 180 Grad gedreht, um eine kontinuierliche Bauerneuerung zu gewährleisten.

Korb anschließend so dreht, dass der Erntebereich nach vorne zeigt. Dort werden im neuen Jahr neue Waben gebaut. Durch das Drehen nach der Ernte erhält man zudem eine kontinuierliche Erneuerung des Wabenwerks, da man in jedem Jahr in einem anderen Bereich die Honigwaben herausschneidet.

Bienenhaltung in Körben gilt hierzulande als die archetypische Art natürlicher Bienenhaltung. Auf fast jedem Honigglas ist ein Korb abgebildet. Er ist gewissermaßen das Pendant zu den »frei laufenden Hühnern«. Die Bienenhaltung in Körben ist aber heute reine Liebhaberei. Unser Verein Mellifera e.V. hat jahrzehntelange Erfahrung mit der Haltung von Bienen in Körben und betreibt auch heute noch Körbe auf seinem Lehrbienenstand. Man braucht viel Erfahrung beim Herausschneiden von unstabilisierten Honigwaben. Die Varroa-Entmilbung im Spätsommer mit Ameisensäuredämpfen hat wegen der tiefen, von drei Seiten geschlossenen Wabengassen einen schlechten Wirkungsgrad, und auch die Trachtbedingungen sind heute andere als früher. Uns war daher klar, dass diese relativ naturnahe traditionelle Art der Bienenhaltung für die meisten Menschen heute kein zeitgemäßes Konzept darstellt.

Die neuen Freizeitimker

Eine zeitgemäße Bienenhaltung muss einfach zu erlernen und unkompliziert zu betreiben sein. Es muss möglich sein, den Zustand des Bienenvolkes leicht beurteilen zu können, und auch rein handwerklich müssen die Betreuung und Honigernte ohne jahrelange Erfahrung gelingen. Nur dann sind Menschen in ausreichender Zahl dafür zu gewinnen, selbst ein paar Bienenvölker zu halten. Denn nicht nur die Existenz der Bienen ist bedroht, sondern auch die der konventionellen Imker. In Deutschland wurden bisher die meisten Bienenvölker von Freizeitimkern gehalten, die mit ihrem Hobby einen schönen Nebenerwerb erzielt haben. Sie haben wenige Bienenvölker auf ähnliche Art wie Berufsimker gehalten, um mit dem Verkauf des Honigs ihr Hobby und vielleicht auch mal eine schöne Urlaubsreise oder den Ausbau des Eigenheims zu finanzieren. Die Erträge aus der Bienenhaltung waren wahrscheinlich auch schon deshalb nötig, um die Familie bei Laune zu halten, denn die Bienenhaltung hat das ganze Familienleben dominiert. Der typische Nebenerwerbsimker war männlich und seine Frau hat mitgeholfen, den Honig abzufüllen, zu etikettieren und zu verkaufen.

Heute macht es ökonomisch immer weniger Sinn, Lebensmittel in kleinem Stil zu produzieren, um sie zu verkaufen. Die Lebensmittelpreise sind gegenüber den Löhnen sehr niedrig. So sind die Motive, sich heute für Bienenhaltung zu interessieren, auch weniger ökonomischer als vielmehr ökologischer Natur. Wenn ich Menschen frage, warum sie Bienen halten wollen, dann bekomme ich in der Regel als Antwort: »Um etwas für die Natur und den Erhalt der Honigbiene zu tun«, »etwas Honig für den Eigenbedarf produzieren« oder »damit meine Kinder Natur erleben können«.

Der Krainer Bauernstock

Über Jahre haben Thomas Radetzki, einer der Gründer von Mellifera e. V., und ich die verschiedenen bekannten Bienenhaltungskonzepte diskutiert und überlegt, wie man sie so modifizieren kann, dass sich der Bien frei und natürlich entwickelt und die Betreuung möglichst einfach wird. Eines Tages, bei der Vorbereitung eines Vortrags, erinnerte sich Thomas Radetzki an den Krainer Bauernstock, der seit über 300 Jahren im Gebiet der Krain (im heutigen Slowenien) die traditionelle Bienenbehausung ist. Der Bauernstock ist ein Pendant zu unseren Bienenkörben. Die Grundprinzipien sind gleich, aber die Geometrie und das Baumaterial sind verschieden.

Der Krainer Bauernstock ist eine einfache längliche, flache Holzkiste von maximal 100 Zentimeter Länge, 40 Zentimeter Breite und 20 Zentimeter Höhe. Das Flugloch liegt auf einer der schmalen Seiten. Der Honig wird am gegenüberliegenden Ende der Kiste abgelagert. Durch einen kleinen Trick, der auch in der Korbimkerei praktiziert wird, gibt der Imker die Richtung vor, in der die Bienen die

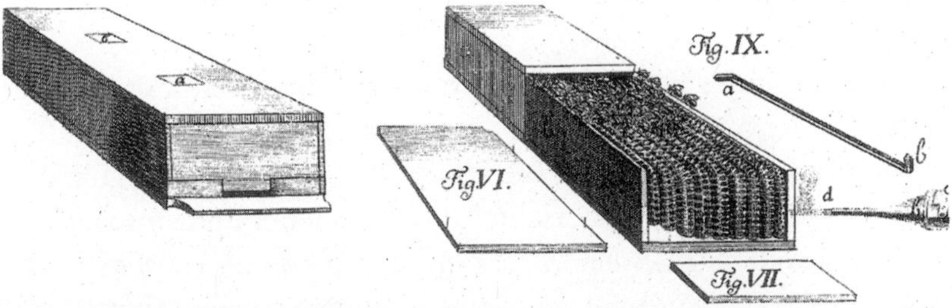

Die flache Bauweise des Krainer Bauernstockes erlaubt einen guten Einblick in das Bienenvolk. Die historische Abbildung von Anton Janscha zeigt den abnehmbaren Boden und die fest eingebauten Naturwaben.

Waben bauen sollen: Es werden ein paar kurze Wachsstreifen mit flüssigem Wachs an das Dach der Kiste geklebt, und zwar in die Richtung, in die die Bienen bauen sollen. Die Bienen halten dies für den Bauanfang von Waben und bauen dort einfach weiter. Da im Bienenvolk die einzelnen Waben parallel zueinander ausgerichtet sind, wird der Rest der Kiste ebenfalls in der vorgegebenen Richtung ausgebaut. Die Wabenorientierung ist sowohl für den Imker als auch für die Bienen wichtig. Der Imker hat eine einfache Bearbeitung des Bienenvolkes im Sinn. Die Bienen profitieren davon, wenn ihr Wabenkörper aus Waben mit großer Fläche besteht.

Das Besondere beim Krainer Bauernstock ist die flache Bauweise. Wenn Waben höher als 20 Zentimeter werden und keine zusätzliche Stabilisierung haben, dann können sie aufgrund ihres Eigengewichts abreißen. Die Bienen haben einen Sinn für die Stabilität ihres Wabenwerks und würden die Waben dann zusätzlich am Boden anbauen, um sie von unten zu stützen. Wenn die zur Verfügung stehende Höhe maximal 20 Zentimeter beträgt, wie das beim Krainer Bauernstock der Fall ist, und ansonsten in der Kiste genug Platz ist, wird die Unterkante nicht an den Boden angebaut, weil Bienen ja von Natur aus frei schwingende Waben bevorzugen. Beim Korb können die Waben höher werden, weil der Durchmesser nicht so groß ist und sie zusätzlich an den Seitenwänden angebaut und so stabilisiert werden.

Sowohl beim Korb als auch beim Krainer Bauernstock bleibt der Boden daher frei, und man kann von unten in das Bienenvolk hineinschauen, indem man die Bienenwohnung umdreht. Es gibt aber einen entscheidenden Unterschied: Das Leben der Bienen spielt sich ja in den Wabengassen ab. Man kann wenig sehen, wenn man von unten in die Gassen späht. Zunächst sieht man sowieso nur Bienen, die die Gassen vollständig ausfüllen. Der Imker treibt sie mit etwas Rauch zurück, um in den Zwischenraum schauen zu können. Dieser hat aber nur eine Breite von etwa einem Zentimeter. Man kann daher nur fünf bis zehn Zentimeter tief in die Gassen schauen. In diesem Bereich erkennt man die verschiedenen Arten von Wabenzellen und ihre Nutzung: Ist dort Honig oder Pollen eingelagert? Wachsen dort Arbeiterinnen oder Drohnen heran? Brütet das Volk überhaupt oder sind die Wabenzellen leer? Ist das Volk in Schwarmstimmung und zieht eine neue Königin heran?

Dadurch, dass der Krainer Bauernstock so flach ist, sieht man auf einer wesentlich größeren Fläche in die Wabengassen hinein und sieht prozentual wesentlich mehr von den Waben als bei einem Korb. Durch die flache Bauweise brütet das Volk außerdem bis an die untere Wabenkante, und man sieht in diesem unteren Bereich sofort, ob das Volk brütet und ob es »weiselrichtig« ist – d. h., dass eine Königin befruchtete Eier legt und neue Arbeiterinnen heranwachsen. Im Bienenkorb wie dem Lüneburger Stülper liegt das Brutnest dagegen oben und die Sicht darauf wird von den unten abgelagerten Honigvorräten verdeckt.

Mit nur wenig Erfahrung hat man nach dem Abnehmen des Bodens beim Bauernstock den Zustand des Bienenvolkes schnell erfasst und kann ihn sofort wieder schließen. Die Störung für die Bienen ist deshalb minimal. Bei keiner anderen traditionellen Stabilbau-Bienenwohnung bekommt man einen so guten Einblick in das Bienenvolk, ohne den Wabenkörper antasten zu müssen. Keine Wabe muss bewegt werden. Das Leben der Bienen auf den Wabengassen geht auch während einer Inspektion ungestört weiter. Die auf Erschütterungen sehr sensibel reagierenden Bienen bleiben wesentlich friedlicher, als wenn man zu Kontrollzwecken einzeln Waben aus einem Magazin-Bienenkasten entnimmt. Bei den Magazinbeuten muss man die Waben herausnehmen. Der umlaufende Holzrahmen verhindert, dass man wie beim Bauernstock von außen in die Wabengassen schauen kann. Außerdem ist das Flugloch unten und folglich befindet sich auch das Brutnest in der untersten Etage. Man muss – je nach Jahreszeit – eine oder sogar mehrere schwere Etagen mit Honig abnehmen, um überhaupt an die unteren Waben heranzukommen. Das ist buchstäblich ein Hantieren mit (sehr schweren) Bauklötzen. Eine Inspektion im Magazin besteht grundsätzlich darin, übergangsweise die Integrität des Biens zu zerstören. Das kennt das Bienenvolk in der Natur eigentlich nur bei einem Angriff durch einen Bären.

Der traditionelle Krainer Bauernstock wurde ähnlich wie der Alemannische Drehrumpf betrieben (siehe Seite 66). Nachdem man die Honigüberschüsse hinten herausgeschnitten hatte, wurde der Bauernstock gedreht und das Fluglochbrett und das Rückbrett getauscht. Der ehemalige Erntebereich lag dann also vorne, dort wurden neue Waben gebaut und das neue Brutnest wurde von den Bienen hier angelegt. Der neue Honig wurde in den Waben abgelagert, in denen im Vorjahr das Brutnest war. Auch hier fand auf diesem Weg eine regelmäßige Erneuerung des kompletten Wabenwerks statt. Die Ernte und andere Eingriffe sind beim Bauernstock ähnlich anspruchsvoll wie beim Korb. Man muss mit Bienen besetzte, sehr weiche und zugleich schwere Waben herausschneiden.

Das Grundkonzept des Bauernstocks hat uns trotzdem sofort begeistert. Anders als bei Körben und Klotzbeuten ist der Bauernstock keine »Blackbox«. Man sieht mehr vom Bienenvolk als bei jeder anderen Stabilbau-Bienenwohnung, und zugleich hat das Bienenvolk die Möglichkeit, sich vollkommen frei zu entfalten. Leider ist die Betreuung auch im Krainer Bauernstock nicht anfängergeeignet und so haben wir nach Wegen gesucht, die Handhabung zu vereinfachen.

Die wesentliche Neuerung gegenüber dem traditionellen Krainer Bauernstock liegt in der Einführung von Oberträgerleisten für die Honigwaben, die geerntet werden sollen. Statt dass die Bienen ihre Waben direkt an das Dach anbauen, bringen wir dort Leisten an. Bauvorgaben mit Wachsstreifen sorgen dafür, dass die Waben exakt an einzelne Leisten angebaut werden. So können die vollen Honigwaben später an den Holzleisten entnommen werden. Die Ernte wird dadurch ähnlich einfach wie im Mobilbau. Wir mussten dafür die Symmetrie des Bauernstocks aufgegeben und den Erntebereich fest an eine Seite legen. Das Tauschen von Flugloch und Erntebereich hätte die Konstruktion erheblich verkompliziert, und aus wesensgemäßer Perspektive bietet das keine großen Vorteile. Ich halte eine kontinuierliche Bauerneuerung sowieso nicht für besonders wesensgemäß. In der Natur findet sie in dieser Form nicht statt. Erst wenn ein Volk stirbt, wird das Wabenwerk von Wachsmotten beseitigt, und der nächste Schwarm baut die Wohnhöhle neu mit Waben aus. Davor sitzt es Jahre auf dem alten Wabenwerk. Wabenzellen, die durch häufiges Bebrüten zu eng werden, nagen die Bienen nötigenfalls bis auf die Basis ab und bauen sie neu auf.

Wir bevorzugen daher in der Bienenkiste eine totale Erneuerung des Wabenwerks in Anlehnung an die Natur. Da Bienenvölker in der Praxis nicht ewig leben, wäre der natürliche Zeitpunkt der Bauerneuerung, wenn ein Bienenvolk den Winter nicht überlebt oder aufgrund von Krankheit, Weisellosigkeit oder Schwäche aufgelöst werden muss. Da konventionelle Imker in der Nachbarschaft stets besorgt sind, dass altes Wabenwerk eine Quelle für Krankheiten sein könnte, empfehlen wir, ihnen entgegenzukommen und spätestens nach vier bis fünf Jahren das Wabenwerk auch bei einem gesunden Volk auszutauschen.

Die Idee, dass die Bienen ihre Waben an entnehmbaren Leisten anbauen, haben wir daher auch im Brutbereich aufgenommen. Dort werden die Waben im Regelbetrieb zwar nicht entnommen, aber schon die Befestigung der Wachsstreifen als Richtungsvorgabe für den Bau bei der Besiedelung wird dadurch handwerklich wesentlich einfacher. Ansonsten müssten Wachsstreifen über eine Länge von 60 Zentimetern mit heißem Wachs angeklebt werden. Es gibt zudem Situationen, in denen man die Waben im Brutbereich ausnahmsweise doch entnehmen will – im Falle des Verdachts auf eine ernsthafte Krankheit, um ein Bienenvolk aufzulösen oder um eine Kiste nach dem Tod eines Bienenvolkes neu zu besiedeln. Die Oberträgerleisten verbinden die Vorteile des Mobilbaus (einfache Handhabung der Waben) mit den Vorteilen des Stabilbaus (einfache Inspektion von unten).

Die Entwicklung der Bienenkiste

Neben der Einführung von Oberträgerleisten haben wir ein paar weitere Verbesserungen im Blick auf die Handhabbarkeit vorgenommen. Es ist keinesfalls leicht, einen kompletten Holzbienenkasten einfach so umzudrehen. Denn er kann in der Saison mehr als 60 Kilogramm wiegen. Wir haben eine relativ niedrige Aufstellung der Kiste vorgesehen, mit der Möglichkeit, sie über die Stirnseite nach vorne zu kippen und aufrecht zu stellen. Ein aufsteckbarer Ständer hält die Kiste aufrecht, sodass der Boden abgenommen werden kann. Das ist auch ohne große körperliche Kräfte zu bewältigen, da man – nach den Gesetzen der Physik – ja maximal das halbe Gewicht einen ganz kurzen Moment anheben muss. Den Boden befestigen wir mit modernen Spannverschlüssen, sodass er mit einem Handgriff abgenommen werden kann. Das Volumen der Bienenkiste haben wir auf ungefähr 60 Liter (zentraler Lebensraum/Brutbereich) plus 30 Liter (optionaler Erntebereich) festgelegt. Der Brutbereich ist so groß bemessen, dass dort genügend Honig für die Überwinterung verbleibt. So ist es möglich – ausreichende Trachtbedingungen vorausgesetzt –, auf Zuckerfütterung zu verzichten und die Bienen auf ihrem eigenen Honig überwintern zu lassen. Der Erntebereich ist nur innerhalb der Blühsaison für etwa drei bis vier Monate in Betrieb. In der restlichen Zeit verkleinert ein Holzbrett als Trennschied den Raum auf den zentralen Lebensraum. Die notwendigen Handgriffe – das Herausnehmen des Trennschieds und Einsetzen der Holzleisten im Erntebereich und später das Herausnehmen der gefüllten Honigwaben und erneutes Einsetzen des Trennschieds – sind leicht zu erlernen.

Da die Kiste ausschließlich aus rechtwinkligen Holzbrettern besteht, kann sie auch mit durchschnittlichen handwerklichen Fähigkeiten einfach selbst gebaut werden. Sie benötigen 20 bis 25 Millimeter dicke Holzplatten aus Fichte oder Weymouthkiefer. Zweiteres hat ein etwas geringeres Gewicht und Schwindmaß als Fichte, ist aber schwerer zu beschaffen. Aus den Holzplatten bauen Sie eine flache Holzkiste mit einem Innenmaß von 100 Zentimeter Länge, 435 Millimeter Breite und 210 Millimeter Höhe. Das Frontbrett erhält eine flache Öffnung als Flugloch und wird gemeinsam mit dem Dach und den Seitenbrettern fest verschraubt und verleimt. Bodenbrett und Rückbrett bleiben beweglich und werden mit Spannverschlüssen befestigt.

Die Kiste benötigt außerdem einen »Innenausbau« mit zwölf 628 Millimeter langen Trägerleisten, an die die Bienen ihre Waben bauen sollen. Klemmen Sie dazu einen Wachsleitstreifen zwischen zwei 16,5 Millimeter breite Holzleisten und nageln Sie diese zusammen. Das Maß muss unbedingt eingehalten werden, weil der zwei Millimeter breite Wachsleitstreifen und die beiden Leisten genau den Wabenabstand von 35 Millimeter ergeben, in dem die Bienen ihre Waben auch in der Natur errichten.

Eine gut durchdachte Haltekonstruktion aus Quer- und Auflageleisten sorgt dafür, dass die Trägerleisten innen am Dach so befestigt sind, dass nötigenfalls einzelne Waben zerstörungsfrei aus der Kiste entnommen und wieder eingesetzt werden können.

Am Anfang benötigen die Bienen nur den vorderen Bereich der Kiste. Der hintere Erntebereich wird daher zunächst mit einem eingehängten Trennschied abgetrennt. Aus einem Besenstiel können Sie noch einen aufsteckbaren Ständer bauen (siehe dazu auch die Abbildung auf Seite 76), und ein abnehmbares Wetterschutzdach mit ausreichendem Dachüberstand komplettiert die Bienenkiste.

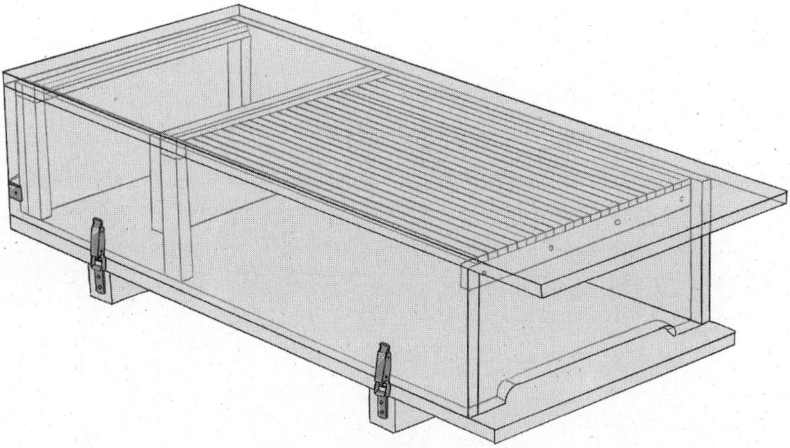

Boden und Rückwand der Bienenkiste sind mit Spannverschlüssen befestigt und so leicht abnehmbar. Im Brutraum haben zwölf Anfangsstreifen-Trägerleisten Platz. Ein herausnehmbares Trennschied verhindert nach Bedarf, dass die Bienen im hinteren Bereich Waben bauen.

Bevor Sie die Kiste besiedeln, sollten Sie sie einmal wiegen und das Gewicht aufschreiben. So können Sie später die Futtervorräte einfach durch erneutes Wiegen ermitteln.

Im Buch »Die Bienenkiste« und auf unserer Internetseite finden Sie die ausführliche Bauanleitung.

Die Bienenhaltung in der Bienenkiste ist deshalb so einfach, weil wir das Bienenvolk in seiner natürlichen Entwicklung nur begleiten. Wir verfolgen keine wirtschaftlichen Ziele und wir wollen keinen Einfluss auf die natürliche Fortpflanzung nehmen. Sofern es einen Honigüberschuss gibt, nehmen wir diesen dankbar entgegen, ansonsten versuchen wir, das Bienenvolk vor den widrigen Umweltbedingungen zu schützen. An vorderster Stelle sind das Nahrungsmangel und die Varroamilbe. Das klappt auch ohne große Vorkenntnisse relativ gut und problemlos, weil wir gewissermaßen »auf der Welle surfen«. Das Bienenvolk weiß selbst, was es braucht. Es baut selbst so viele Waben, wie nötig. Es entscheidet selbst, wann es

Die Kiste muss stabil stehen, wenn sie zum Öffnen über die Stirnseite gekippt wird. Die Bienenkiste darf niemals hochkant mit dem Flugloch nach oben aufgestellt werden, da in diesem Falle die Trägerleisten herausfallen würden.

sich fortpflanzen will, wie viele Drohnen es braucht oder ob eventuell eine alte Königin ausgetauscht werden muss. In der konventionellen Bienenhaltung ist dafür der Imker zuständig. Er versucht die Entwicklung des Bienenvolkes zu lenken, indem er den Zustand des Volkes genau beurteilt und nötigenfalls steuernd eingreift, beispielsweise um die natürliche Fortpflanzung über den Schwarmprozess zu unterdrücken.

Natürlich braucht man auch als Bienenkisten-Imker Wissen und Erfahrung, damit die Bienenhaltung gelingt. Das liegt aber auf einer anderen Ebene. Um beim Bild mit dem »Surfen auf der Welle« zu bleiben: Es geht darum, zu lernen, das Gleichgewicht zu halten. Konventionelle Imker versuchen dagegen, »gegen den Wind zu kreuzen«. Da Naturschwärme sehr vital sind und man davon ausgehen kann, dass ein überwiegender Teil der Schwärme sich im ersten Jahr gut und gesund entwickelt, gibt es eine flache Lernkurve. Die erste Honigernte ist normalerweise erst im Folgejahr, und so kann man sich in der ersten Bienensaison langsam mit seinen Bienen anfreunden, ihr Verhalten beobachten und den praktischen Umgang mit ihnen erlernen. Es gibt wenig Potential, aktiv Fehler zu machen.

Wenn aber etwas im Bienenvolk nicht nach Plan läuft, der Schwarm beispielsweise weisellos ist oder nach dem Einlogieren wieder auszieht, ist man als Anfänger schnell überfordert. Daher ist es auf jeden Fall empfehlenswert, einen erfahrenen Imker zu kennen, der vorbeischauen kann, wenn man das Gefühl hat, dass sich

Die Bienen bauen in der Bienenkiste ihre Naturwaben an beweglichen Trägerleisten. Im Honigraum werden komplette Mittelwände eingesetzt oder Anfangsstreifen-Trägerleisten wie im Brutbereich. Die Honigwaben können dann an den Trägerleisten einfach entnommen werden.

das Bienenvolk nicht normal entwickelt. Auch ein Einführungskurs oder das Hospitieren bei einem erfahrenen Imker ist hilfreich, um für die ersten Schritte etwas mehr Sicherheit zu gewinnen. Manche Dinge kann man nur schwer aus einem Buch oder Internet-Video lernen. Das praktische Verhalten am Bienenstock, das Anfeuern des Smokers, der Umgang mit dem Stockmeißel, die Unterscheidung der Bienenwesen und verschiedenen Nutzungsarten der Zellen – dies alles lernt man viel schneller, wenn man es von einem erfahrenen Imker gezeigt bekommt. Auch die erste Honigernte wird wesentlich entspannter vonstattengehen, wenn man jemanden bei sich hat, der das schon mal gemacht hat.

Der Betreuungsaufwand für ein Bienenvolk in der Bienenkiste liegt bei 12 bis 15 Stunden pro Jahr. Da ein großer Teil dieser Zeit »Rüstzeit« ist (Smoker anfeuern, Arbeitsmaterial holen und wegräumen), ist der Betreuungsaufwand pro Volk bei mehreren Bienenkisten geringer. Der überwiegende Teil der Arbeit fällt in die Monate Mai bis Juli. Im Winterhalbjahr ist dagegen nichts zu tun. Die Kosten für eine Bienenkiste liegen – je nachdem, ob Sie sie selbst bauen oder fertig kaufen – zwischen 100 € und 250 €. Die restliche Ausrüstung kostet etwa 100 €. Bienenschwärme von anderen Freizeitimkern bekommen Sie für durchschnittlich 50 €.

Betreuung einer Bienenkiste im Jahreslauf

»Es kann nichts schiefgehen. Das einzige, was passieren kann, ist, dass die Dinge einen anderen Verlauf nehmen als geplant.«

Stephan Sarek

Während ich im Buch »Die Bienenkiste« beschrieben habe, wie ein guter Start gelingt, und die notwendigen Grundkenntnisse für die Betreuung eines Bienenvolkes im Jahreslauf vermittelt habe, möchte ich in diesem Buch stärker darauf eingehen, wie Sie aus einer wesensgemäßen Haltung heraus mit Problemen und Sonderfällen umgehen können. Solchen Situationen kann man nur schlecht mit einem Leitfaden gerecht werden. Es kommt vielmehr darauf an, dass Sie Situationen richtig einschätzen und dann beherzt selbstständig reagieren. Viele Tipps sind auch auf andere wesensgemäße Bienenwohnungen übertragbar.

Der Jahreslauf im Überblick

Unsere Betreuungsmaßnahmen folgen der natürlichen Entwicklung des Bienenvolkes.

Wildvölker teilen sich durch Schwärmen zwischen dem Beginn der Obstblüte Ende April und der Sommersonnenwende Ende Juni. Eine neue Bienenkiste kann in dieser Zeit mit einem solchen Naturschwarm durch »Einlaufen lassen« besiedelt werden. Der komplette Schwarm wird aus der Transportkiste auf eine schräge, zum Eingang der Bienenkiste führende Rampe gekippt und zieht dann innerhalb von 30 bis 60 Minuten zu Fuß ein. Dort bilden die Bienen eine Bautraube und fangen sofort an, das nötige Wabenwerk zu bauen und neue Brut aufzuziehen. Die erste Saison benötigt das junge Bienenvolk für die eigene Entwicklung. Honigüberschüsse können im Normalfall erst in den Folgejahren geerntet werden. Einzige Aufgabe des Imkers im ersten Jahr ist sicherzustellen, dass die Bienen ausreichend mit Nektar versorgt sind und dass sie nicht an der Varroamilbe zugrunde gehen. Nötigenfalls werden die Vorräte mit etwas Zuckerwasser ergänzt. Die Milbenbelastung wird in der kritischen Zeit gelegentlich kontrolliert, und es kann eine Entmilbung durch Ameisensäure-Verdunstung erfolgen, um die Bienen bei der Aufzucht gesunder Winterbienen zu unterstützen. In der brutfreien Zeit im Winter erfolgt eine Restentmilbung mit einer schwach konzentrierten Oxalsäure-Zucker-Lösung, die auf die Bienen geträufelt wird.

In den Folgejahren – ungefähr zum Beginn der Obstblüte – wird das Trennschied herausgenommen, das den Lebensraum der Bienen vorher auf zwei Drittel der Kiste beschränkt hat. Im hinteren Drittel sammeln die Bienen nun Honigüberschüsse, die dann etwa vier Wochen nach der Sommersonnenwende geerntet werden können. Um die Honigwaben leicht entnehmen zu können, werden im hinteren Raum ebenfalls Holzleisten eingesetzt, an die vorher entweder Wachsstreifen oder sogar komplette Mittelwände angebracht worden sind. Mittelwände sind besonders für Anfänger zu empfehlen, da die Waben dann bei der Ernte stabiler sind. Die Honiggewinnung erfolgt ohne spezielle Ausrüstung als Tropfhonig. Die Waben

Eier oder im weißen Futtersaft schwimmende Larven in den Weiselzellen zeigen den Schwarmtrieb des Bienenvolks. Neun Tage nach der Eiablage werden die Weiselnäpfchen verdeckelt. Normalerweise dauert es dann nicht mehr lange, bis die Bienen schwärmen.

werden zerkleinert und der Honig läuft aufgrund der Schwerkraft aus den Waben heraus. Nach der Honigernte wird das Trennschied wieder eingesetzt. Der hintere Raum bleibt bis zur nächsten Bienensaison leer.

Während der Schwarmzeit im Mai und Juni wird das Bienenvolk mindestens alle neun Tage kurz geöffnet, um zu kontrollieren, ob es in Schwarmstimmung ist. Das erkennt man an den charakteristischen Königinnenzellen an den Unterkanten der Waben. Sind Königinnenzellen zu sehen, kann am Alter (Ausbauzustand) der Zellen abgelesen werden, wann das Volk frühestens schwärmt. Die alte Königin zieht mit etwa der Hälfte der Bienen aus und sammelt sich in einem Umkreis von etwa zehn bis 20 Metern als Schwarmtraube. Ziel sollte sein, den Schwarm wieder einzufangen, da er unbetreut kaum überleben kann. Es kann einige Tage später weitere Nachschwärme geben, denn im Bienenvolk wachsen mehrere

Bienenkiste mit Magazinbienenvolk besiedeln

Es kann wesentlich einfacher sein, ein komplettes Bienenvolk in einem Magazin zu kaufen als einen Naturschwarm. Sie können auch diesen Weg wählen, um eine Bienenkiste zu besiedeln, sollten aber auf gar keinen Fall versuchen, die Rähmchen aus dem Magazin in die Bienenkiste hineinzubauen. Nutzen Sie einfach den natürlichen Weg, wie ein Bienenvolk eine neue Wohnung besiedeln würde!

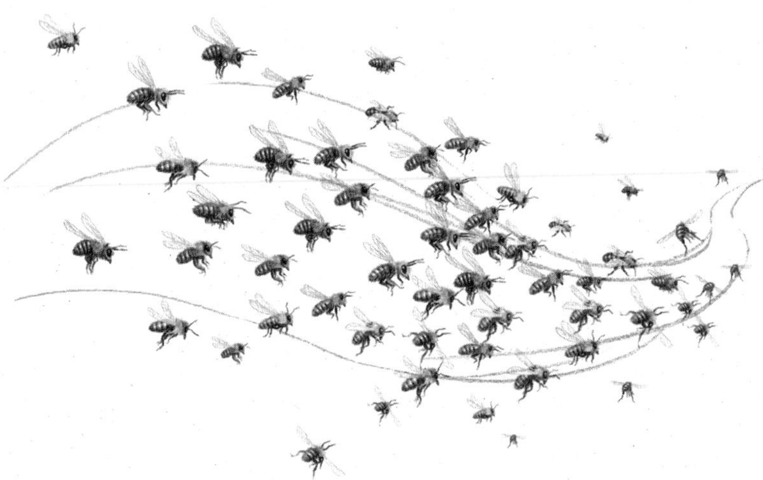

Am schönsten wäre die Besiedelung über den natürlichen Schwarmprozess. Je nachdem, wann Sie das Magazinvolk gekauft haben, überwintern Sie es zunächst noch im Magazin. Im Frühjahr erweitern Sie nicht und warten darauf, dass das Volk in Schwarmstimmung kommt. Durch regelmäßiges Füttern können Sie diesen Prozess nötigenfalls noch beschleunigen. Den Vorschwarm und gegebenenfalls weitere Nachschwärme nutzen Sie zur Besiedlung von Bienenkisten.

Sie können ein Magazinvolk auch dazu nutzen, sofort einen Kunstschwarm für die Bienenkiste zu bilden. Dazu wäre es aber gut, wenn das Magazinvolk zwei Zargen besetzt. Ein Ableger mit wenigen Rähmchen reicht nicht! Sie müssen zunächst die Königin heraussuchen, in eine Schwarmkiste geben und anschließend von jeder zweiten Brutwabe die Bienen hineinstoßen – also etwa die Hälfte der Bienen. Der so gewonnene Kunstschwarm wird wie ein normaler Schwarm behandelt und zur Besiedlung der Bienenkiste verwendet, indem Sie die Bienen durch das Flugloch einlaufen lassen. Die andere Hälfte der Bienen, die im Magazin verblieben ist, zieht über den Nachschaffungsprozess eine neue Königin heran.

In beiden beschriebenen Varianten haben Sie also Schwärme bzw. einen Kunstschwarm aus dem Magazinvolk zur Besiedlung von Bienenkisten gewonnen und zusätzlich verbleibt ein lebensfähiges Restvolk in der Magazinbeute. Dieses können Sie nun entweder ebenfalls entnehmen und so einen weiteren Kunstschwarm gewinnen oder aber Sie verkaufen das Magazinvolk einfach an einen anderen Magazinimker weiter. Sie können auch versuchen, mit dem Verkäufer des Magazinvolks von vorneherein eine Rückgabe zu vereinbaren.

Wenn Sie die Magazinbeute komplett auflösen wollen, warten Sie, bis die junge Königin ihren Hochzeitsflug absolviert hat und gerade die ersten neuen verdeckelten Arbeiterinnenzellen zu sehen sind. Erst dann ist die junge Königin im Volk als vollwertig anerkannt und übersteht die Auflösung schadlos. Die vorher vorhandene Brut der alten Königin ist mittlerweile geschlüpft und die Waben sind daher überwiegend brutfrei. Sie stoßen nun die verbliebenen Bienen einschließlich der Königin von allen Waben ab und können mit diesem Kunstschwarm eine weitere Bienenkiste besetzen. Die Waben aus dem Magazin können Sie nicht weiternutzen. Der darin vorhandene Honig kann geerntet, die bereits wieder vorhandene frische Brut muss beseitigt werden.

neue Königinnen heran, von denen eigentlich nur eine benötigt wird. Entweder kämpfen die jungen Königinnen miteinander, bis nur noch eine übrig ist, oder sie verlassen ebenfalls den Stock mit einem weiteren Teil der Bienen als Nachschwarm. Wenn man keine weiteren Schwärme haben möchte und verhindern will, dass das Bienenvolk durch mehrfaches Schwärmen zu sehr geschwächt wird, kann man vorher alle – bis auf eine – Königinnenzellen entfernen und so den Kampf der Jungköniginnen gewissermaßen vorwegnehmen.

Schwärme, die man selbst nicht behalten will, finden problemlos dankbare Abnehmer, da in jedem Winter Bienenvölker sterben und auch viele Anfänger Schwärme benötigen, um überhaupt mit der Bienenhaltung beginnen zu können.

Die junge Königin im Muttervolk macht zunächst ihren Hochzeitsflug und sorgt dann für das Fortbestehen des Bienenvolkes.

Die Betreuung nach der Honigernte (Futterversorgung sicherstellen, Varroabehandlung) unterscheidet sich nicht vom Jungvolk, wobei man bei einem »erwachsenen« Bienenvolk damit rechnen muss, dass die Varroabelastung höher sein kann. Es ist außerdem ratsam, im Herbst eine sogenannte Futterkranzprobe untersuchen zu lassen, um das Bienenvolk auf eine Belastung mit bösartiger Faulbrut zu kontrollieren. Dazu wird eine kleine Ecke einer honiggefüllten Wabe aus dem Rand des Brutnests herausgeschnitten und an die zuständige Untersuchungsstelle geschickt.

Erste Schritte

Die ersten Fragen zur wesensgemäßen Bienenhaltung tauchen bereits auf, bevor man richtig angefangen hat. Wir empfehlen jedem Anfänger, mit einem Naturschwarm zu beginnen. Nur dann kann man relativ sicher sein, dass der Start komplikationsfrei gelingt. Das lokale Angebot an Naturschwärmen ist aber begrenzt. Der größte Teil der Imker versucht Schwärme zu vermeiden. Das gelingt mal mehr und mal weniger gut. Da es aber in jedem Winter Völkerverluste zwischen zehn und 30 Prozent gibt, behalten viele Imker ihre Schwärme für sich, um ihre Verluste auszugleichen. Die beste Quelle für einen Naturschwarm ist ein anderer wesensgemäßer Imker aus der Nachbarschaft, der keine Schwarmverhinderung betreibt. Kunstschwärme dagegen – insbesondere wenn sie aus Bienen verschiedener Völker bestehen und mit einer fremden Königin beweiselt wurden – entwickeln sich verglichen mit einem Naturschwarm wesentlich schlechter. Man kann sich außerdem die Frage stellen, ob Schwärme von Völkern, die über Generationen konventionell auf Mittelwänden gehalten wurden, vielleicht das freie Bauen der Waben ein wenig verlernt haben? Es ist mir im Laufe der Jahre aufgefallen, dass erfahrene wesensgemäße Imker eigentlich nie Probleme haben, mit ihren Schwärmen neue Beuten zu besiedeln. In ganz seltenen Fällen kann es passieren, dass bei einem Nachschwarm oder dem Muttervolk die Begattung der jungen Königin nicht klappt und das Volk weisellos wird. Dass ein Schwarm nach dem Einlogieren gleich wieder auszieht, passiert eigentlich so gut wie nie. Beides höre ich aber gelegentlich von Anfängern und frage mich nach den Ursachen. Die Herkunft und Qualität des Schwarms spielen sicherlich eine Rolle, und ich kann daher nur dazu raten, mit einem richtigen Naturschwarm zu beginnen. Lieber etwas mehr Mühe und vielleicht auch Geld bei der Beschaffung des ersten Schwarms investieren, als gleich einen schwierigen Start zu haben.

Wer seine Bienenkiste selbst baut, sollte nur unbehandeltes Holz verwenden, dem keine fremden Gerüche anhaften. Zusätzliche Öffnungen in der Kiste, durch die Licht eindringen kann, wie z. B. Beobachtungsfenster oder Luftlöcher, sind ebenfalls kontraproduktiv. Die einzige Öffnung sollte das Flugloch sein.

Wenn wir uns daran orientieren, welche Wohnungen Bienen in der Natur bevorzugen, wäre es sinnvoll, beim Einlogieren des Schwarms den Durchgang in den hinteren Raum zunächst ganz zu verschließen, um das Volumen zu verkleinern. Das Trennschied hat ja unten einen Spalt, um die Bienen vom hinteren Raum aus füttern zu können. Diesen Spalt könnten Sie beim Einlogieren zunächst mit einem weiteren Brett oder Pappe schließen. Sobald die Bienen anfangen, Waben zu bauen, ziehen sie nicht mehr aus. Nach ein paar Tagen, wenn Sie zur Unterstützung etwas Futter geben wollen, können Sie den Durchgang also wieder öffnen. Diese Maßnahme verhindert zudem eine weitere Komplikation. Es passiert gelegentlich, dass ein Schwarm sich fälschlicherweise im hinteren Raum ansiedelt, wenn der Durchgang nach hinten beim Einlogieren nicht verschlossen ist.

Ein weiteres Merkmal einer idealen Naturwohnung ist ein relativ kleines Flugloch. Die Bienenkiste hat absichtlich ein breites Flugloch. Es soll dazu beitragen, dass die Bienen ein breites Brutnest anlegen und die Brut dadurch nicht so weit in den Honigraum hineinreicht. Im Hochsommer unterstützt die breite Öffnung außerdem die Klimatisierung und das gleichzeitige Ein- und Ausfliegen der vielen Sammelbienen. Bei jungen Völkern und generell im Spätsommer sollten Sie das Flugloch mit etwas Schaumstoff oder vorgesetzten Holzleisten auf etwa fünf bis sieben Zentimeter einengen, damit sich die Bienen besser verteidigen können. Lassen Sie bei der Besiedlung das Flugloch zunächst weit offen, damit es beim Einlaufen zu keinen Staus kommt, danach engen Sie es ein, um Seeleys »Fluglochkriterium« für eine ideale Bienenwohnung besser zu erfüllen (siehe Seite 48). Die Bienentraube sitzt in der Bienenkiste nie mittig, sondern immer an einer Seitenwand. Die verbleibende Öffnung sollte sich auf der Seite des Bienensitzes befinden und nicht in der Mitte.

Ein Naturschwarm verfügt über Vorräte für drei bis fünf Tage. Wir empfehlen, ihn nicht sofort einzulogieren, sondern zunächst über Nacht eine Phase der »Kellerruhe« vorzusehen. Das bedeutet, dass der Schwarm in der Schwarmkiste absolut dunkel, kühl und ruhig die Möglichkeit bekommt, sich neu zu formieren und einen Teil der Vorräte zu verzehren. Diese Maßnahme ist besonders bei künstlich gebildeten oder vorweggenommenen Schwärmen wichtig, damit die Bienentraube eine neue Identität herausbilden kann und zu einem neuen Bien wird. Bei einem Naturschwarm kann die

Kellerruhe auch unterbleiben – insbesondere wenn das mit größerem Aufwand verbunden wäre. Bei ihm hat dieser Prozess schon in der Schwarmtraube stattgefunden. Schlecht ist die »Ruhephase« nie, wenn der Schwarm noch genügend Vorräte hat. Mit den Vorräten werden auch Krankheitskeime wie Faulbrutsporen verzehrt und unschädlich gemacht.

Manchmal kennt man das Alter eines Schwarms nicht genau, weil man zu einem herrenlosen Schwarm gerufen wurde und niemand weiß, wie lange er bereits an der Stelle hängt. Ein Schwarm unbekannten Alters (bzw. ab dem dritten Tag) sollte entweder sofort einlogiert oder schon in der Schwarmkiste mit Futterteig oder kandiertem Honig durch eine Futteröffnung im Deckel gefüttert werden. Kunstschwärme haben nicht so viele Vorräte dabei und sollten bereits ab dem zweiten Tag gefüttert werden. Das großzügige Füttern von Schwärmen mit Zuckerlösung vor Ablauf des dritten Tages kann dazu führen, dass der Schwarm sofort wieder auszieht. So lange Vorräte für mehrere Tage vorhanden sind, hat der Schwarm die Möglichkeit sich noch eine andere Behausung zu suchen, die ihm vielleicht mehr zusagt. Deshalb besteht der ideale Ablauf, einen Schwarm einzulogieren, darin, den Schwarm am Tag des Ausschwärmens einzufangen, ihm eine Nacht »Kellerruhe« zu gewähren und ihn am folgenden Abend einlaufen zu lassen. Sofern Tracht und Flugwetter vorhanden sind, besteht keine dringende Notwendigkeit zu füttern. Andernfalls würde man noch mindestens zwei Tage warten, bevor das erste Futter gereicht wird.

Bienenkiste richtig öffnen

Es ist ohne Zweifel so, dass sich Bienenvölker man besten entwickeln, je weniger sie gestört werden. Man muss die eigenen Motive als Anfänger aber auch kritisch hinterfragen: Will ich die Bienenkiste nicht öffnen, um nicht zu stören oder weil ich Angst vor den Bienen habe? In den ersten drei bis vier Wochen nach Einlogieren des Schwarms sind die Waben noch sehr empfindlich. Danach ist es aber wichtig, die Bienenkiste gelegentlich richtig zu öffnen – also die Kiste aufrecht stellen und den Boden abnehmen. Sie müssen lernen, mit den Bienen umzugehen und die Zeichen zu deuten: Was sind Brutzellen? Handelt es sich um Arbeiterinnen- oder Drohnenbrut? Sind vielleicht auch Eier und Larven zu erkennen? Wie sehen Wabenzellen aus, die Pollen oder verdeckelten Honig enthalten? Wie ist die Nestordnung? Wo befindet sich das Brutnest? Am Anfang sind es noch wenige Bienen und sie sind sehr friedlich – beste Voraussetzungen, um den Umgang mit den Bienen zu lernen.

Wenn Sie diese Gelegenheit im ersten Jahr verpassen, wird es Ihnen in den Folgejahren schwerer fallen, die notwendigen Arbeiten in einer wesentlich volleren Kiste zu erledigen. Es gibt noch einen weiteren sehr wichtigen Grund, warum Sie den Boden am Anfang ein paar Mal abnehmen sollten: Es kann sein, dass die ersten, noch weißen Waben ein wenig am Boden angebaut werden. Diese Wachsbrücken reißen aber normalerweise leicht ab, wenn der Boden entnommen wird. Wenn Sie von hinten sehen können, dass Waben schon stark am Boden angebaut sind, versuchen Sie die Waben vor dem Öffnen mit einem langen Messer von der geöffneten Rückseite aus etwas vom Boden zu lösen oder einen dünnen Draht zwischen Boden und Korpus durchzuziehen. Kratzen Sie dann die Wachsreste vom Boden ab. Nachdem Sie das zwei oder drei Mal gemacht haben, werden die Waben nicht mehr am Boden angebaut. Wenn Sie das nicht tun, kann es bei der Varroabehandlung mit Oxalsäure im ersten Winter passieren, dass beim dafür notwendigen Öffnen der Kiste komplette Waben am Boden haften bleiben und abreißen.

In den ersten Monaten ist das junge Wabenwerk auch empfindlicher gegen Hitze. Es kann dann bei großer Hitze geschehen, dass ein Wabenstück oder auch eine ganze Wabe abreißt und am Boden liegt. Wenn Ihnen das passiert, ist es sehr wichtig, die Wabe so schnell wie möglich vom Boden zu entfernen. Es ist nicht nötig, diese irgendwie für das Bienenvolk zu erhalten. Sofern die Wabe Honig enthält, freuen Sie sich über eine kleine »Ernte«. Die Bienen können die verlorene Wabe schnell wieder neu bauen. Wenn Sie sie aber am Boden liegen lassen, wird sie bald mit anderen Waben verbaut, und es wird immer schwieriger – wenn nicht unmöglich – die Kiste zu öffnen, ohne erneut Waben abzureißen.

Wie viele Bienenvölker soll ich halten?

Die meisten Bienenkisten-Imker beginnen die Bienenhaltung mit einem Bienenvolk. Sie wollen erst mal schauen, wie sie mit den Bienen zurechtkommen, wollen sich am Anfang nicht überfordern, haben nicht so viel Platz, und es ist oft sowieso schon schwierig genug, einen einzigen Bienenschwarm zu bekommen, um überhaupt anfangen zu können. Wenn man mit nur einem Volk startet, gibt es natürlich ein gewisses Risiko, dass man im nächsten Frühjahr wieder bei null anfangen muss, weil das Volk nicht überlebt hat. In Deutschland liegt der Durchschnitt der Winterverluste derzeit bei etwa 20 Prozent der Bienenvölker. Ob Bienenkisten-Anfänger eine höhere oder niedrigere Verlustrate im ersten Jahr haben, ist schwer zu sagen. Die günstigen Voraussetzungen beim Start mit einem Naturschwarm lassen eher geringere Verluste erwarten. Aber mancher Anfänger unterschätzt die Entwicklungsdynamik der Varroamilbe und die Gefahr durch Ansteckung bei anderen Bienenvölkern in der Nachbarschaft im Spätsommer, die sogenannte »Reinvasion«.

Drei Bienenvölker halte ich für ein sinnvolles Minimum, wenn Sie nur aus Liebe zur Natur und für den Eigenbedarf an Honig Bienen halten wollen. Dann können Sie problemlos Winterverluste oder andere Komplikationen aus eigener Kraft bewältigen. Außerdem haben Sie den Vergleich zwischen verschiedenen Völkern und können viel einfacher erkennen, was normal und was vielleicht ein abweichendes Verhalten ist. Und: Es wird immer auch Honig da sein! Völker, die geschwärmt sind, liefern oft nur noch eine kleine oder sogar gar keine Honigernte. Da nicht jedes Volk jedes Jahr schwärmt, gibt es bei drei Völkern in der Regel auch eines, das eine gute Ernte liefert.

Wenn Sie mit nur einem Volk starten, sollten Sie in den Folgejahren den Bestand vergrößern, indem Sie die eigenen Schwärme selbst behalten. Wenn Sie keinen Platz oder keine Zeit für mehrere Bienenvölker haben, wäre es sinnvoll, sich mit ein paar Bienenkisten-Imkern aus der Nachbarschaft zusammenzutun und sich bei Problemen gegenseitig zu unterstützen. Neben dem Verlust eines Bienenvolkes im Winter ist der Verlust der Königin (Weisellosigkeit) ein Problem, dem man nur begegnen kann, wenn man Zugriff auf weitere Bienenvölker hat.

Beobachtungen am Flugloch

Der erste Blick am Bienenstand gilt immer dem Flugloch. Wer lernt, das Verhalten der Bienen am Flugloch zu deuten, erspart sich und den Bienen überflüssige Inspektionen. Am Eintrag von Pollen können Sie ablesen, ob das Volk brütet und weiselrichtig ist. Wenn emsig Pollen eingetragen werden und die Pollenhöschen dick und rund sind, ist das Volk ziemlich sicher weiselrichtig und pflegt große offene Brutflächen. Doch auch wenn das Volk durch den Verlust der Königin nur noch unbefruchtete Eier bebrüten kann, wird Pollen benötigt, um die Drohnenbrut zu ernähren. In diesem Falle sind die Pollenhöschen aber deutlich kleiner und sehen eher aus wie ungeformte Kleckse. Der Sammelflug ist außerdem weniger emsig.

Das Flugverhalten der Sammelbienen liefert weitere Hinweise. Schauen Sie von der Seite auf den Bereich vor Ihren Bienenkisten. Wenn jeweils mehrere Bienen in schneller Abfolge aus dem Flugloch förmlich herausgeschossen kommen, deutet das auf eine junge vitale Königin hin. Dann ist auch das Verteidigungsverhalten der Wächterbienen am Flugloch sehr aufmerksam. Jede heimkommende Biene wird kontrolliert. Ein nachlässiges Verteidigungsverhalten deutet auf eine alte Königin hin. Wird gar nicht mehr verteidigt, könnte das Volk weisellos sein. Dann sind möglicherweise auch suchende Bienen am Flugloch zu sehen, die nervös in stehenden oder liegenden Achten auf dem Stirnbrett laufen. Als Bienenkisten-Imker tauschen wir eine alte Königin nicht aus, sondern warten ab, bis das Bienenvolk selbst tätig wird und über den Prozess der »stillen Umweiselung« eine neue Königin heranzieht.

Alle diese Beobachtungen können Sie natürlich viel einfacher machen, wenn Sie mehrere Völker miteinander vergleichen können. Sie sollten aber berücksichtigen, dass sich im Verhalten auch unterschiedliche Rahmenbedingungen ausdrücken können. So wird vielleicht nicht jede Kiste zur gleichen Zeit von der Sonne beschienen, die Volksgröße oder Frühjahrsentwicklung kann verschieden sein, und die Bienenvölker haben verschiedene Temperamente und »Persönlichkeiten«. So kann es z. B. sein, dass Bienenvölker zu unterschiedlichen Zeiten verschieden stark fliegen, ohne dass sich die Völker selbst groß unterscheiden.

Warnstufen der Wächterbienen

Für die Verteidigung des Bienenstocks gibt es eine eigene »Berufsgruppe« im Bienenvolk. Am Verhalten dieser Wächterbienen können Sie deren Alarmzustand ablesen:

- gespreizte Flügel: aufmerksame Wächterbiene (1).
- gespreizte Flügel und ausgestreckte Fühler: Ein potentieller Feind wurde identifiziert (2).
- gespreizte Flügel, ausgestreckte Fühler und aufgestellte Vorderbeine: aktive Drohgebärde. Die nächste Eskalationsstufe ist dann der Angriff (3).

Eine Biene mit parallel anliegenden Flügeln ist keine Verteidigungsbiene und wird nicht angreifen.

① ② ③

In den Waben lesen

Magazinimker kritisieren an der Bienenkiste, dass man aufgrund des Stabilbaus keinen guten Blick in das Bienenvolk werfen und nur schwer den Zustand des Volkes beurteilen könne. Traditionelle Korbimker wissen dagegen, dass das weniger mit dem Stabilbau als mit den Fähigkeiten des Imkers zu tun hat. Wer gewohnt, ist »in den Waben zu lesen«, kann den Zustand des Bienenvolkes auf einen Blick erkennen. Das ist im Magazin umständlicher, weil dazu stets einzelne Waben aus dem Brutraum herausgenommen werden müssen. Oft müssen zunächst mehrere Zargen abgehoben werden, um überhaupt an die Brutwaben heranzukommen. Die Bienenkiste bietet durch ihre flache Bauweise optimale Bedingungen zum »Lesen in den Waben«, ohne den Körper des Biens antasten zu müssen.

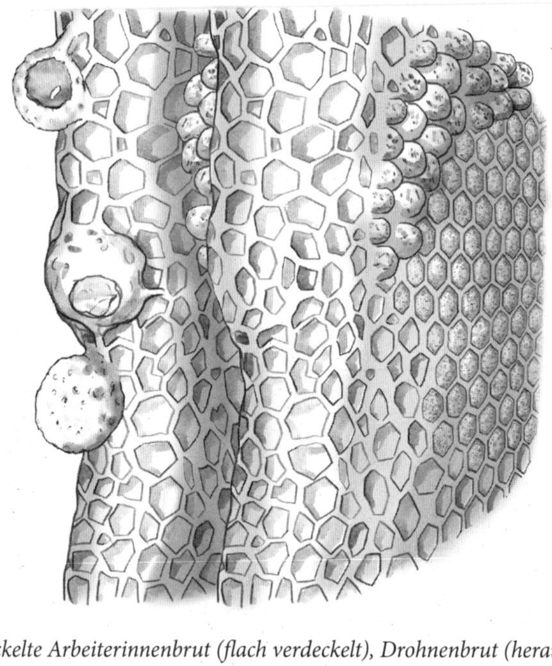

Verdeckelte Arbeiterinnenbrut (flach verdeckelt), Drohnenbrut (herausragend) und Weiselzellen (am Wabenrand nach unten weisend): Der regelmäßige Blick auf die Waben verrät, wie es den Bienen geht.

Wenn Sie den Boden der Bienenkiste abnehmen, ist stets die erste Frage: Ist das Volk weiselrichtig? In einem gesunden Bienenvolk sollte verdeckelte Arbeiterinnenbrut ab Mitte April bis in den August hinein auf den ersten Blick erkennbar sein. Das Brutnest reicht in dieser Zeit bis an den unteren Rand. Wenn Sie die Bienen mit etwas Rauch in die Wabengassen zurücktreiben, können Sie die Arbeiterinnenbrut sofort sehen. Daraus können Sie zumindest schließen, dass das Bienenvolk vor Kurzem noch eine gesunde Königin hatte, die befruchtete Eier legen konnte. Wenn Sie keine verdeckelte Arbeiterinnenbrut sehen können, sollten Sie zunächst etwas gründlicher suchen und tiefer in die Wabengassen schauen.

Neben Weisellosigkeit gibt es weitere mögliche Ursachen für wenig bis gar keine Brut im Bienenvolk: Das Bienenvolk könnte zu wenig Vorräte haben und hungern oder es ist vor Kurzem geschwärmt. Als guter Imker können Sie natürlich ausschließen, dass das Volk hungert. Sie können ja jederzeit die Bienenkiste wiegen und sich Kenntnis über die Vorratslage verschaffen. Und auch ein unbemerkt abgegangener Schwarm sollte ebenfalls nicht vorkommen. Da Sie gelernt haben, die Zeichen zu deuten, wissen Sie rechtzeitig vorher, dass das Volk in Schwarmtrieb ist.

Sollten Sie keine natürliche Erklärung dafür finden, dass keine Arbeiterinnenbrut zu sehen ist, müssen Sie dem Problem weiter nachgehen. Deutet das Verhalten am Flugloch vielleicht auf Weisellosigkeit hin? In dem Falle wäre auch ein nervöseres Verhalten der Bienen auf den Waben zu beobachten (mehr dazu auf Seite 107).

In einem gesunden Bienenvolk sind außerdem ab ungefähr Mitte April in der Fortpflanzungsphase immer Drohnenbrut und Vorstufen von Weiselzellen (»Spielnäpfchen«) zu sehen. Schwache Völker fangen erst später als starke Völker an, Drohnen zu erbrüten. Wenn Sie keine Arbeiterinnenbrut und nur Drohnenbrut sehen können und sich möglicherweise auch in Arbeiterinnenzellen verdeckelte Zellen stark herauswölben, ist das Bienenvolk drohnenbrütig. Entweder ist es seit mindestens fünf Wochen weisellos und die Arbeiterinnen haben angefangen, selbst (unbefruchtete) Eier zu legen, oder die Königin hat keinen Samenvorrat mehr bzw. eine Jungkönigin wurde nicht richtig begattet. In diesem Falle wäre das Bienenvolk nur noch durch massive imkerliche Eingriffe am Leben zu erhalten.

Ab Beginn der Obstblüte kann das Volk in Schwarmstimmung kommen. Um dieses Ereignis nicht zu verpassen, sollten Sie das Bienenvolk mindestens all neun Tage kontrollieren. Erste Anzeichen sind schnell erkannt. Solange das Bienenvolk noch neue Waben baut, ist es nicht in Schwarmstimmung. Das können Sie an den Wabenkanten und an der Form neu gebauter Waben ablesen. Wenn die Wabenkanten in einem Bereich, in dem noch gebaut werden kann, in der Mitte leicht spitz zulaufen und raue Ansatzstellen haben, bauen die Bienen noch und werden nicht so bald schwärmen. Wenn die Wabenkanten abgerundet sind, kommt das Volk in Schwarmstimmung. Wenn die Unterkante von neu gebauten Waben nicht mehr gerade bzw. in einer einzigen Kurve verläuft, sondern girlandenförmig aussieht, ist dies ebenfalls ein Hinweis auf einsetzende Schwarmstimmung.

Achten Sie auch auf die Spielnäpfchen (siehe Seite 36). Sie werden bevorzugt in Störungen im Wabenwerk gebaut, dort wo die Wabenunterkanten nicht bis zum Boden reichen und wo verschiedene Wabenmuster zusammenstoßen. Das Vorhandensein dieser Vorstufen von Weiselzellen bedeutet zunächst einmal nichts. Sie sind in einem gesunden Bienenvolk während der Schwarmsaison immer vorhanden. Bereits einige Tage, bevor dort Eier hineingelegt werden, polieren die Bienen die Böden dieser Zellen, sodass sie glänzen. Auch das ist ein Hinweis auf die Schwarmstimmung. Wenn Eier oder Larven dort zu sehen sind und die vormals offenen, runden Näpfchen zunächst eine kugelige Form bekommen und dann zu länglichen Weiselzellen ausgezogen werden, läuft der Schwarmprozess und Sie können sich auf einen in Kürze stattfindenden Schwarmabgang einstellen. »Belebte«, offene Weiselzellen erkennen Sie auch schon von außen. An ihnen haften vereinzelte weiße Wachsflocken. Die Bienen lagern dort schon Baumaterial, um die Zellen schnell weiter ausziehen zu können. Nur wenn ungefähr zehn oder mehr Weiselzellen belegt sind, wird das Volk schwärmen. Wenn deutlich weniger Weiselzellen belegt sind, will das Volk wahrscheinlich umweiseln – d. h., eine alte Königin wird im laufenden Betrieb gegen eine neue Königin ausgetauscht. Erst wenn die neue Königin von ihrem Hochzeitsflug zurückgekehrt ist und anfängt, Eier zu legen, wird die alte Königin getötet. Manchmal bekommt sie auch ihr Altenteil und darf noch in einer Ecke weiter ein paar Eier legen. Das Umweiseln geschieht auch noch nach der Schwarmzeit, und Sie sollten den Prozess nicht stören, indem Sie z. B. diese Weiselzellen aus Sorge vor einem späten Schwarm ausbrechen.

Wenn Sie wenige Weiselzellen sehen, die nicht an den Wabenkanten, sondern tiefer innen auf den Wabenflächen gebaut sind, ist die Königin überraschend verloren gegangen und die Bienen schaffen aus Arbeiterinnenbrut nachträglich eine neue Königin. Auch diesen Nachschaffungsprozess sollten Sie nicht stören, denn die Bienen werden sicher nicht schwärmen.

Neben diesen konkreten Hinweisen, die Sie aus den Waben ablesen können, ist es natürlich wichtig, im Laufe der Zeit ein Gefühl dafür zu entwickeln, ob der Bienenbesatz und die Ausdehnung des Brutnestes für die Jahreszeit normal sind. Ich rate Ihnen, die Eckdaten, die Sie beobachten, gemeinsam mit dem Datum in einer »Stockkarte« zu notieren. So können Sie Ihre aktuellen Beobachtungen immer wieder mit dem Entwicklungsverlauf des Bienenvolkes und den Daten aus vergangenen Jahren vergleichen.

Bienen und Gemüll lesen

Manche Bienenkästen haben einen Gitterboden mit einer Bodeneinlage. Erfahrene Imker können aus dem sogenannten »Gemüll« (den Wachskrümeln, toten Varroamilben, Pollen und teilweise auch Bienenfragmenten) auf den Zustand des Bienenvolkes schließen. Die Bienenkiste ist an diesem Punkt einfach gehalten und hat regulär keinen Gitterboden. (Wer sich dafür interessiert, kann aber einen solchen Boden nachrüsten. Er besteht aus einem flachen Holzrahmen mit einem Gitter über einer herausziehbaren Bodeneinlage. Der Holzrahmen wird zwischen Korpus und Boden der Bienenkiste angebracht.) Trotzdem gibt es auch ohne Gitterboden viel zu beobachten.

Bereits im Frühjahr, zur Zeit des Reinigungsflugs, zeigt uns ein Blick von außen auf das Stirnbrett der Bienenkiste, wie es um das Bienenvolk bestellt ist. Vereinzelte Kotspritzer sind kein Grund zur Besorgnis. Im Gegenteil: Hier ist sehr wahrscheinlich noch Leben! Wenn das Flugloch sehr stark verkotet und verschmiert ist, leidet das Bienenvolk aber an Ruhr. Bei Nosematose gibt es typische Kotspuren als Punktketten. Amöbenruhr wird durch einzelne drei bis vier Millimeter große schwefelgelbe Tropfen angezeigt.

Wenn Sie vor dem Flugloch am Boden tote Bienen liegen sehen, hat das Bienenvolk schon beim Reinigungsflug angefangen, die im Winter gestorbenen Bienen aus der Kiste auszuräumen – ein Zeichen dafür, dass es weiselrichtig und in Brut ist. Bitte beachten Sie, dass die Bienen nur dann den Totenfall ausräumen können, wenn kein Mäuseschutzgitter mehr am Flugloch angebracht ist. Es sollte zwischen März und April entfernt und erst im Oktober wieder angebracht werden, um die Bienen vor eventuell eindringenden Mäusen zu schützen.

Junge, gerade geschlüpfte Bienen sehen noch hell und pelzig aus, alte abgearbeitete Bienen haben einen glänzenden, glatten, fast schwarzen Körper. Sie haben schon alle Haare verloren und auch die Flügelkanten sind ausgefranst. Wenn Sie im Frühjahr solche schwarzen Bienen sehen, sind das vermutlich die letzten Winterbienen. Verkrüppelte und missgebildete Bienen sind Hinweise auf eine fortgeschrittene Varroaerkrankung (siehe Seite 134).

Anfänger haben manchmal Probleme, überhaupt die verschiedenen Bienenwesen auseinanderzuhalten. Wenn Sie wissen, worauf Sie achten müssen, sind diese aber auf einen Blick sicher unterscheidbar. Drohnen sind insgesamt etwas größer, haben einen walzenförmigen Körper, längere Fühler und vor allem sehr große Augen. Fast der gesamte Kopf wird bei ihnen von den Augen bedeckt. An

Arbeiterinnen nehmen die Königin über ihr Pheromon wahr und wenden sich ihr zu. In der Praxis ist es für Imkerneulinge gar nicht so einfach, die »Stockmutter « zu entdecken.

den Augen erkennen Sie auch, ob weiße, noch nicht voll entwickelte Puppen, die von den Bienen gelegentlich aus dem Stock herausgeschleppt werden, Arbeiterinnen oder Drohnen sind. In einer besetzten Bienenkiste werden Sie kaum je eine Königin sehen können. Sie lebt in den dunklen Wabengassen. Wenn Sie aber eine Bienenkiste durch »Einlaufen lassen« (siehe Seite 80) besiedeln, haben Sie gute Chancen. Sie werden die Königin kaum finden, wenn Sie die Bienen einzeln anschauen und nach Merkmalen absuchen. Dazu sind es zu viele und Sie bleiben doch nur mit dem Auge an Drohnen hängen. Die Königin erkennen Sie eher am Gesamtbild. Da die Arbeiterinnen die Nähe der Königin sofort über ihr Pheromon wahrnehmen, verhalten sie sich in der Nähe der Königin anders. Sie weichen etwas zurück und richten sich auf diese aus. Wenn Sie also unbewusst eine »Störung« im Gesamtbild wahrnehmen, schauen Sie genauer hin und achten Sie vor allem auf das ausgeprägte Brustschild der Königin, ihre langen Beine und die etwas andere Art zu laufen.

Ein weiteres Phänomen, das immer wieder bei Anfängern zu Irritationen führt, ist das Einfliegen der Jungbienen an Tagen mit schönem Wetter. Die Jungbienen fliegen heraus, drehen ihren Kopf sofort zum Flugloch und fangen an, immer größere Schleifen vor der Bienenkiste zu fliegen, wobei sie das Flugloch nicht aus den Augen verlieren. So prägen sie sich den Eingang ihrer Behausung im Verhältnis zur umgebenden Landschaft ein. Im Juni, wenn das Brutnest seine maximale Ausdehnung erreicht hat, kann das Einfliegen so eindrücklich sein, dass man sich manchmal im ersten Moment fragt, ob die Bienen gerade einen Schwarm abgeben. Dieses Phänomen des Einfliegens können Sie auch an den ersten Tagen nach Einlogieren eines Schwarms beobachten, im Frühjahr nach den ersten Reinigungsflügen und nach Verstellen einer Bienenkiste an einen anderen Ort.

Auch der Drohnenflug bringt Abwechslung am Flugloch. Drohnen machen ihre Ausflüge ebenfalls nur bei gutem Wetter. Sie fliegen vormittags los und kommen nachmittags ungefähr zwischen 15.30 und 16.30 Uhr zurück. Oft lungern sie zunächst unschlüssig am Flugloch herum und fliegen dann etwas unbeholfen ab. Ähnlich wirkt die Rückkehr. Die Drohnen erkennen Sie im Flug schon an dem dunkleren, etwas bedrohlich klingenden Ton (daher auch der Name). Da sie keinen Stachel haben, sind sie ideale Lernobjekte, um zu üben, Bienen mit zwei Fingern zu greifen (siehe dazu Seite 107).

Mit ganz viel Glück können Sie am Flugloch auch die Rückkehr einer jungen Königin von ihrem Hochzeitsflug beobachten. Sie verschwindet nicht wie die Sammlerinnen sofort innerhalb von Sekundenbruchteilen im Stock, sondern setzt sich bei der Rückkehr oft zunächst am Eingang oder in der Nähe hin, um etwas Luft zu holen, bevor sie wieder in den Stock zurückmarschiert. Außerdem fliegt sie nicht alleine. Sie wird von einigen Begleitbienen eskortiert. Auch hier liefert das ungewohnte Gesamtbild der kleinen rückkehrenden Bienengruppe den Impuls, näher hinzuschauen.

Bienen werfen manchmal noch nicht voll entwickelte weiße Puppen aus dem Stock heraus, wenn sie ungeplant das Brutnest verkleinern müssen. Das kann im Frühjahr der Fall sein, wenn Kälterückschläge oder schwindende Futterreserven den Unterhalt eines großen Brutnests unmöglich machen. Im Zusammenhang mit der »Drohnenschlacht«, bei der die Drohnen am Ende der Fortpflanzungszeit im Spätsommer aus dem Bienenstock herausgeworfen werden, wird manchmal auch die letzte Drohnenbrut auf diesem Wege entsorgt. Wozu weitere Drohnenbrut mühsam aufziehen, wenn die Drohnen nicht mehr benötigt werden? Drohnenbrut wird auch in großen Notlagen zuerst aufgegeben, bevor zuletzt auch Arbeiterinnenbrut entfernt werden muss. Dass einzelne Puppen und auch ausgewachsene Bienen aus dem Bienenvolk herausgeschleppt werden, ist normal. Das gehört zum Immunsystem des Biens.

Wenn sich vor dem Flugloch kalkartige Bienenmumien befinden, liefert dies einen Hinweis auf Kalkbrut (siehe dazu Seite 124). Wenn Sie am Stockeingang oder am Boden der Bienenkiste viele weiße Krümel sehen, ist das entweder Wachs, was auf eine intensive Bautätigkeit hindeutet, oder es sind Zuckerkristalle. Dann werden auskristallisierte Futterreste entsorgt, die als Nahrungsreserve ungeeignet sind. Den Unterschied erkennen Sie entweder am Geschmack oder wenn Sie sich die Krümel ganz genau anschauen. Wenn es sich um Wachs handelt, können Sie viele durchsichtige, winzige Wachsplättchen erkennen.

Ist gerade ein Schwarm abgegangen, können Sie an den im Gras unter dem Flugloch krabbelnden Jungbienen und Drohnen erkennen, aus welcher Kiste der Schwarm entflogen ist. Diese Bienen wurden mitgerissen, können aber noch nicht so gut fliegen.

Schwärmen und schwärmen lassen

Den Bienen zu ermöglichen, ihren Schwarmtrieb frei auszuleben, ist das Herz der wesensgemäßen Bienenhaltung. Es gilt einen konstruktiven Umgang damit zu finden, denn als Imker trägt man für beide Hälften des Schwarms Verantwortung. Das Muttervolk bleibt zurück und erhält über den Schwarmprozess eine neue vitale Königin. Außerdem bremst die Brutunterbrechung die Entwicklungsdynamik der Varroamilben. Als Kleinimker könnte man sich damit ja begnügen, dem herausfliegenden Schwarm »alles Gute« zu wünschen und sich dann nicht weiter damit zu belasten. Es dürfte aber klar sein, dass das kein verantwortungsbewusster Umgang mit den Bienen und den Nachbarn sein kann. Der Schwarm muss eine neue Wohnung finden und wird notfalls in einen Schornstein, Rollladenkasten oder eine Hohlwand einziehen. Mit Glück findet er auch eine natürliche Baumhöhle; eher wahrscheinlich ist, dass er gar keine passende Wohnhöhle findet und frei bauen muss – entweder an einem Ast im Baum oder unter einem Dachvorsprung. Solche unbetreuten Bienenvölker werden kaum den ersten Winter überleben und können verborgene Quellen für die Verbreitung von Amerikanischer Faulbrut und Varroa sein. Für betroffene Hausbesitzer stellt die Entfernung eines Bienenvolks aus einer Hohlwand oder einem Schornstein eine echte Herausforderung dar. Das geht oft nur durch Abtöten der Bienen oder mit großem Aufwand und Fachkunde.

Schwärme zu verlieren, ist aber nicht allein das Problem von wesensgemäßen Imkern. Schwarmverhinderung, wie es konventionelle Imker üblicherweise praktizieren, gelingt in der Praxis bei Weitem nicht so zuverlässig wie erhofft. Für den weit überwiegenden Teil der herrenlosen Schwärme sind Imker verantwortlich, die eigentlich Schwarmverhinderung betreiben. Ich bin fest davon überzeugt, dass wesensgemäße Imker weniger Schwärme verlieren, obwohl ihre Bienenvölker mehr Schwärme abgeben. Denn sie rechnen damit und kennen die Prozesse und den zeitlichen Ablauf sehr genau.

Mit ein wenig Erfahrung ahnen Sie bald, an welchen Ästen sich die schwärmenden Bienen bevorzugt niederlassen.

Es gilt in der Schwarmzeit zwischen Ende April und Ende Juni rechtzeitig zu wissen, wann das Bienenvolk in Schwarmstimmung gerät. Sicher erkennen Sie das an belegten Weiselzellen. Ab Seite 94 habe ich bereits einige frühzeitige Vorzeichen vorgestellt: nachlassender Bautrieb, abgerundete Wabenkanten oder polierte Spielnäpfchen.

Am schönsten und natürlichsten ist es, den Vorschwarm frei abfliegen zu lassen und dann im Umkreis von zehn bis 20 Metern wieder einzusammeln. Da Schwärme in der Regel zwischen 10 und 16 Uhr ausziehen, ist es für berufstätige Menschen aber kaum möglich, über Tage vor ihrer Bienenkiste »Schwarmwache« zu halten. Sie sollten bei einem anstehenden Schwarm auf jeden Fall die Nachbarn informieren und ihnen ein Glas Honig versprechen, wenn sie Sie anrufen und mitteilen, wo sich der Schwarm niedergelassen hat.

Der Vorschwarm hängt oft über Nacht in seiner Schwarmtraube, bevor er sich zu einer neuen Wohnung aufmacht. Daher ist es ratsam, an den Tagen, an denen Sie den Schwarm erwarten, nach Feierabend zum Bienenstand zu gehen. Es ist gar nicht so einfach, eine Schwarmtraube zu entdecken. Ein Schwarm hängt so ruhig im Baum und passt sich so gut in die Vegetation ein, dass es oft nicht reicht, den Blick in die Umgebung schweifen zu lassen. Sie können sogar direkt unter der Schwarmtraube stehen, ohne es sofort zu merken.

Das Wetter kann ein Verbündeter des Schwarmimkers sein: Der Vorschwarm zieht normalerweise nur bei gutem Wetter aus. Wenn es also zu dem Zeitpunkt, an dem Sie den Schwarm frühestens erwarten (am Tag der Verdeckelung der ersten Weiselzelle), regnet, können Sie in Ruhe abwarten. Je länger das Wetter schlecht bleibt, desto größer ist die Wahrscheinlichkeit, dass der Schwarm am nächsten schönen Tag ausziehen wird. Wenn Sie dann nachmittags an den Bienenstand kommen, schauen Sie sich zunächst die Fluglöcher Ihrer Bienenkisten an: Ist bei dem Volk, aus dem Sie den Schwarm erwarten, ein geringerer Flugbetrieb zu beobachten? Krabbeln vielleicht zurückgebliebene Jungbienen und Drohnen im Gras vor dem Flugloch?

Nach ein paar Jahren kennen Sie die Orte, an denen sich Ihre Schwärme bevorzugt niederlassen, und Sie schauen dort zunächst nach. Die Schwarmtraube hinterlässt Pheromone an ihrem Sammelplatz, der diesen für nachfolgende Schwärme attraktiver macht. Und auch ganz allgemein scheinen bestimmte Landschaftsmerkmale für die Bienen interessanter zu sein als andere, sodass es für den Schwarm »naheliegende« Orte gibt, die er ansteuert. Deshalb gilt die Regel, dass Sie »Schwarm-Bäume« bzw. »Schwarm-Äste«, an denen die Bienen gut wieder eingefangen werden können, erhalten sollten. Wenn sich Bienen aber regelmäßig in schwer erreichbaren Ästen sammeln, sollten Sie diese Äste nach dem Schwarmfang abschneiden. Da solche Äste eine Pheromon-Markierung haben, könnten Sie sie in der Nähe so aufhängen, dass sie besser erreichbar sind. Vielleicht sammelt sich der nächste Schwarm dann dort und das Einfangen ist weniger beschwerlich.

Wenn Sie gegen den Himmel schauen, können Sie die abfliegenden und wiederkehrenden Bienen gut erkennen. Da es auch bei einer Schwarmtraube Flugbetrieb der Kundschafterbienen gibt, ist es hilfreich, den Himmel am Rand der Vegetation nach Bienen abzusuchen, die nicht in Richtung Bienenkiste fliegen. Folgen Sie der Flugrichtung und Sie finden Ihren Schwarm! Wenn auch dies keine Anhaltspunkte auf den Verbleib des Schwarms liefert, sollten Sie von der Bienenkiste ausgehend in konzentrischen Kreisen die Umgebung absuchen. Bedenken Sie, dass der Schwarm sowohl in Bodennähe, z. B. in einem Rhododendron, als auch in vielen Metern Höhe sitzen kann. Vielleicht umkleidet er auch einen Stamm oder Mast, vielleicht einen Zaunpfeiler oder eine Hausecke. Vielleicht sitzt er im Innern einer Konifere. Nachschwärme mit ihren jungen Königinnen fliegen oft weiter und höher und bleiben weniger lange an ihrem Sammelplatz sitzen. Sie sind entsprechend schwieriger einzufangen. Schon alleine das kann ein Grund sein, Nachschwärme zu verhindern, indem Sie nach Abgang des Vorschwarms alle Weiselzellen – bis auf eine – ausbrechen.

Wenn Imker von ihrem Hobby erzählen, dann liefert das Einfangen von Schwärmen die interessantesten Geschichten: ungewöhnliche Orte, interessante Begegnungen mit Passanten und natürlich schwierige Bedingungen, die kreativ bewältigt wurden. Nicht jeder Schwarm hängt lehrbuchmäßig in Brusthöhe an einem Ast. Hier ist das Einfangen im wahrsten Sinne des Wortes »Kinderkram«: Einen Behälter unter den Schwarm halten, einmal kräftig schütteln und … fertig!

Die Bienen brauchen Zeit in der Schwarmtraube, um eine neue Identität zu entwickeln und ihre alte Heimat hinter sich zu lassen. Es ist gut, sie erst einmal in der Schwarmtraube etwas zur Ruhe kommen zu lassen, bevor Sie sie abschütteln. Das hat auch den praktischen Nebeneffekt, dass der größte Teil der Bienen abkühlt und gar nicht mehr spontan losfliegen kann. Eine Biene braucht nämlich eine Körpertemperatur von 35 Grad Celsius, um fliegen zu können. Vor dem Abflug muss sie zunächst ihre Körpertemperatur erhöhen, indem sie ihren Flugmotor »im Leerlauf« laufen lässt. Wenn Sie, nachdem sich der Schwarm gesammelt hat, etwa eine Stunde mit dem Abschütteln warten, sind die Bienen nicht mehr auf Flugtemperatur. Die Schwarmtraube fällt »wie ein Stein« in die Schwarmkiste und viel weniger Bienen fliegen auf.

Bei den Versuchen, einen Schwarm einzufangen, der schon etwas länger an der Sammelstelle sitzt, kann es deshalb auch passieren, dass er durch Erschütterungen am Ast einfach herunterfällt und dann komplett im Gras liegt. Da die Bienen nach oben und ins Dunkle laufen, ist es sehr einfach, einen solchen am Boden liegenden Schwarm einzufangen: Stellen Sie einen nach unten offenen Behälter über die Bienen, z. B. einen Pappkarton. Legen Sie an einer Ecke ein Stöckchen unter den Rand, sodass Luft hereinkommt und die restlichen Bienen ebenfalls einziehen können. Wenn ein Bienenschwarm so ungünstig sitzt, dass Sie die Schwarmtraube nicht erreichen können, Sie aber vielleicht gegen den Ast schlagen, ihn abschneiden oder absägen können, wäre es einen Versuch wert, auf diesem Wege zu provozieren, dass die Schwarmtraube herunterfällt und dann am Boden eingesammelt werden kann.

Schwärme vereinigen

Wenn Sie zu viele bzw. kleine Schwärme haben, können Sie diese vereinigen. Dabei gilt: Nachschwarm mit Nachschwarm und Vorschwarm mit Vorschwarm. Das funktioniert, weil Nachschwärme auch in der Natur oft mehrere Königinnen haben. Und wenn zwei Vorschwärme vereinigt werden, ähnelt das der stillen Umweiselung, bei der auch zwei begattete Königinnen im Volk sind. Es ist aber nicht möglich, Nachschwärme mit Vorschwärmen zu vereinigen! Dabei ist die Gefahr groß, dass das Bienenvolk weisellos wird.

Falls eine Schwarmtraube mehrere Zipfel hat, handelt es sich vermutlich um einen Nachschwarm mit mehreren Königinnen. Sie können die Zipfel einzeln einfangen und so mehrere Bienenvölker daraus gewinnen. Sie können aber auch die Zipfel bzw. mehrere getrennte Nachschwärme vereinigen. Die jungen Königinnen machen das dann unter sich aus. Manchmal hat das Volk selbst Tage nach dem Einlogieren noch mehrere Königinnen, und es bilden sich in verschiedenen Ecken der Kiste verschiedene Fraktionen. Im Normalfall vereinigen sich diese Gruppen aber sehr schnell und man findet vielleicht eine tote Königin vor dem Flugloch. Das ist dann kein Anlass zur Sorge.

Es gibt neben einer Leiter weitere Hilfsmittel, um höher gelegene Schwärme einzufangen. Ein Schwarmfangsack sieht wie ein überdimensionaler Kescher aus und hat eine einige Meter lange Stange. Durch die Hebelwirkung ist er aber nur noch schwer zu halten, wenn im Sack erst mal zwei Kilo Bienen liegen. Als Alternative bietet sich manchmal das »Seifertsche« Schwarmfangrohr an, das aus zwei bis drei Kunststoffrohr-Abschnitten aus dem Baumarkt (HT-Abwasserrohr, Durchmesser 100 Millimeter, Länge ein bis zwei Meter) besteht. Die Idee stammt ursprünglich vom Imker Henry Seifert.

Entnehmen Sie die Dichtringe, bevor Sie die Rohre zusammenstecken. Oben können Sie ein Reduzierstück als eine Art Trichter aufstecken, unten bringen Sie einen Schwarmfangsack an. Wenn Sie die Schwarmtraube von unten mit dem Rohr erreichen, rutscht sie durch den Trichter in den Schwarmfangsack. Dadurch, dass die Schwarmtraube einfach durchfällt, müssen Sie kein zusätzliches Gewicht halten. Sie können daher mit einem Schwarmfangrohr größere Höhen bewältigen (siehe auch Abbildung auf Seite 106).

Bei mir kommen diese Hilfsmittel aber selten zum Einsatz, denn wenn die Bienen hoch oben in einem Baum hängen, gibt es oft viele darunterwachsende Äste, die es unmöglich machen, den Schwarm mit einem Kescher oder Rohr von unten zu erreichen. Meistens muss ich bei höher sitzenden Schwärmen dann doch die Leiter herausholen.

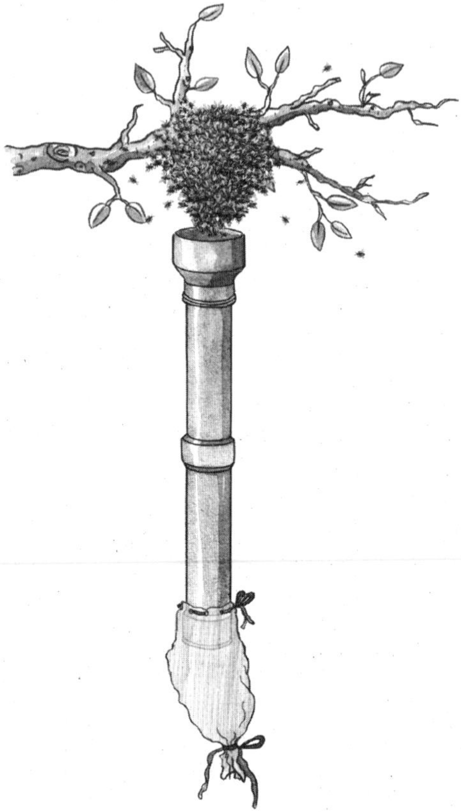

Das Schwarmfangrohr (entwickelt vom Imker Henry Seifert) kann helfen, höher liegende Schwärme einzufangen. Darin rutschen die Bienen durch das Rohr in den Schwarmfangsack – eine gute Möglichkeit, wenn kein Ast im Weg ist.

Bei Schwärmen, die sich um einen Baumstamm oder Zaunpfeiler herum angelagert haben, im Innern einer Konifere sitzen oder an anderen Stellen, an denen man sie nicht einfach abschütteln kann, ist auch Abfegen keine Alternative. Das macht die Bienen aggressiv. Versuchen Sie, eine Schwarmkiste mit einem Flugloch möglichst nah an den Schwarm zu bringen und binden Sie sie gegebenenfalls in der Nähe fest. Je näher, desto besser. Etwas höher als die Schwarmtraube ist besser als darunter. Sprühen Sie die Bienen etwas mit Wasser ein und beginnen Sie diese vorsichtig abzuschöpfen. Das können Sie mit den Händen machen (ganz Mutige verzichten auf Handschuhe) oder mit einem großen Löffel, einem Teigschaber, einer offenen rechteckigen Blechdose oder Ähnlichem. Schütten Sie die Bienen von oben in die Schwarmkiste, schließen Sie den Deckel wieder und beobachten Sie, was passiert. Sobald Bienen am Flugloch der Schwarmkiste Pheromonsignale abgeben, indem sie eine Duftdrüse am Hinterleib ausstülpen und mit den Flügeln zu schlagen beginnen (»Sterzeln«), zieht der Rest der Bienen von alleine ein. Das geht besonders schnell und gut, wenn die Bienen zu Fuß von der Schwarmtraube zum Flugloch der Schwarmkiste gehen können.

Die eleganteste und zugleich anspruchsvollste Art, einen Schwarm einzufangen, besteht darin, »einfach« die Königin zu finden und abzufangen. Bei Nachschwärmen sitzen die Königinnen oben außen auf der Schwarmtraube, wo die Kundschafterinnen tanzen. Bei Vorschwärmen sitzen sie in dem Hauptbelüftungsgang des Schwarms. Das ist eine Delle im oberen Drittel der Schwarmtraube, wo auch die rückkehrenden Kundschafterinnen landen. Bei einem Vorschwarm müssten Sie also den Belüftungsgang mit den Händen vorsichtig erweitern, um an die Königin heranzukommen.

Geübte Imker greifen eine einzelne Biene mit zwei Fingern. Das können Sie vorher in Ruhe mit Drohnen üben. Ansonsten gibt es Königinnen-Abfangclips, die wie eine Haarklammer aussehen und keine Bienen zerquetschen. Lassen Sie die Königin in dem Abfangclip bzw. einem Königinnen-Käfig, damit sie nicht zum Schwarm zurückfliegen kann, und setzen Sie sie in die Schwarmkiste. Es wird nicht lange dauern, bis die restlichen Bienen der Königin folgen.

Weisellosigkeit erkennen und heilen

Weisellosigkeit – also der Verlust der Königin – ist eine Komplikation, die insbesondere in Verbindung mit dem Schwarmprozess auftreten kann. Die Königin könnte beim Einfangen des Schwarms oder, vor allem bei Kunstschwärmen, beim Einlogieren verloren gehen.

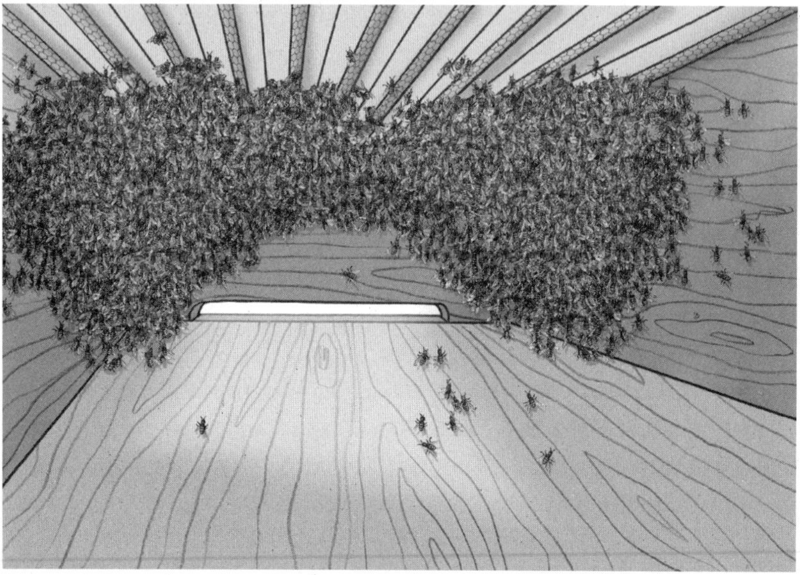

Sitzen die Bienen an den Seitenwänden und bilden keine »Traube«, sondern einen »Bogen«, hat das Volk vermutlich seine Königin verloren.

Wenn die Königin noch nicht begattet wurde (bei Nachschwärmen und der neuen Königin im Muttervolk), kann sie auf ihrem Hochzeitsflug verloren gehen, irrtümlich am Flugloch der Nachbar-Bienenkiste landen oder fehlerhaft begattet werden. Einem Schwarm kann man es einfach anmerken, dass er weisellos ist.

Die Königin sorgt für den Zusammenhalt der Bienen. Sie sammeln sich in der Form einer »Traube«. Wenn die Bienen in der Schwarmkiste oder der Bienenkiste auch nach Stunden eher an den Seitenwänden sitzen und das Gesamtbild mehr wie ein Torbogen aussieht, ist der Schwarm vermutlich weisellos. Die Bienen klingen dann auch anders. Es ist ein deutliches Brausen zu vernehmen. Ein weiselrichtiger Schwarm ist dagegen sehr still.

Wenn schon während des Ausschwärmens die Königin verloren geht, kehren die Bienen von alleine wieder in das Muttervolk zurück. Unser Umgang mit einem weisellosen Schwarm könnte entsprechend aussehen. Wir können die Bienen einfach dem Muttervolk zurückgeben. Solange Sie dort keine Weiselzellen ausgebrochen haben, würde der erste Nachschwarm entsprechend kräftig ausfallen. Dieser Nachschwarm, der eine junge, unbegattete Königin hat und wegen des Verlusts der alten Königin eigentlich der erste Schwarm ist, wird auch »Singervorschwarm« genannt.

Beim Besiedeln einer Bienenkiste mit einem weisellosen Schwarm sieht man oft auch nervös suchende Bienen am Flugloch und auf dem Stirnbrett herumlaufen. Wenn Sie in diesem Stadium eine Weisellosigkeit vermuten und die Bienen nicht zum Muttervolk zurückgeben können oder wollen, müssten Sie den Schwarm umgehend mit einer neuen Königin versorgen. Wenn es sich um einen eigenen Schwarm handelt, könnten Sie eine oder mehrere Weiselzellen aus dem Muttervolk vorsichtig herausbrechen und mit Heftzwecken im Innenraum an das Dach der Bienenkiste pinnen. Diese Zellen würden problemlos akzeptiert werden. Sie können auch eine fremde, begattete Königin zusetzen, die Sie von einem anderen Imker bekommen haben. Sie sollten dann einen Zusetzkäfig verwenden, sodass die Bienen sich erst einmal an die neue Königin gewöhnen können. Der Zusetzkäfig hat eine Öffnung, die mit Futterteig verschlossen wird. Die Bienen brauchen einige Zeit, um den Futterteig aufzuzehren und die Königin so aus dem Käfig zu befreien.

Im Muttervolk können Sie auch den Nachschaffungsprozess des Bienenvolks nutzen, um für eine neue Königin zu sorgen. Dazu entnehmen Sie ein Stück Wabe mit Arbeiterinnenbrut aus einem anderen weiselrichtigen Bienenvolk. Auf dem Wabenstück sollten Eier und ganz junge Larven vorhanden sein. Sie können am Rand von verdeckelter Arbeiterinnenbrut einen »Wabenkeil« (ein dreieckiges großes Stück Wabe) herausschneiden. Wenn Sie kein eigenes weiteres Bienenvolk haben, bitten Sie einen befreundeten Imker um ein Wabenstück mit Eiern und Larven. Im weisellosen Volk schneiden Sie im Zentrum des Wabenwerks ein entsprechendes dreieckiges Wabenstück heraus und setzen dort das passend zurechtgeschnittene Stück mit den Eiern und Larven ein. Drücken Sie es an den

Rändern etwas fest, damit es nicht wieder herausfällt. Oder fixieren Sie es mit ein paar Zahnstochern.

Wenn das Bienenvolk weisellos ist, werden die Bienen aus den ganz jungen Larven des eingefügten Wabenstücks eine neue Königin nachschaffen. Sie sollten daher nach wenigen Tagen eine oder mehrere Nachschaffungszellen auf dem eingesetzten Wabenstück sehen. Sie können den Nachschaffungsprozess dann einfach weiterlaufen lassen und dem Bienenvolk auf diesem Wege zu einer neuen Königin verhelfen. Dieses Verfahren nennt sich auch »Weiselprobe«. Man kann es bereits anwenden, wenn man sich noch gar nicht ganz sicher ist, dass das Bienenvolk weisellos ist. Wenn es weisellos sein sollte, erhält es auf diesem Wege eine neue Königin. Wenn es aber noch eine eigene Königin hat, wird auf dem eingesetzten Wabenstück keine Weiselzelle gebaut, sondern die Arbeiterinnenbrut einfach weiter gepflegt.

Bleibt eine Weisellosigkeit unerkannt, beginnen nach ungefähr fünf Wochen einige Arbeiterinnen selbst, Eier zu legen. Sie können aber keinen Hochzeitsflug machen und legen daher unbefruchtete Eier, aus denen nur Drohnen heranwachsen. Man nennt das Bienenvolk dann »drohnenbrütig« und die eierlegenden Arbeiterinnen »Afterweiseln« oder »Drohnenmütterchen«. Da sie sich nun selbst als Königin fühlen, würde die Beweiselung mit einer neuen Königin nicht funktionieren. Sie würde als Konkurrentin abgestochen werden.

Weiselprobe mit einem Schnitt

Zur Kontrolle, ob das Volk weiselrichtig ist, brauchen Sie nicht unbedingt ein Stück Brutwabe aus einem anderen Volk. Schneiden Sie einfach im Bereich des Brutnests einen Streifen von einer Wabenunterkante ab. Sofern das Volk weiselrichtig ist, wird die Wabenkante innerhalb eines Tages wieder abgerundet. Wenn die Schnittkante längere Zeit unverändert bleibt, ist es weisellos.

Drohnenbrut wölbt sich deutlich nach außen. Sind nur diese Zellen mit unbefruchteten Eiern zu sehen (»Buckelbrut«), ist das Bienenvolk weisellos und hat auch keine neue Königin nachgeschafft.

Ein Volk kann auch drohnenbrütig werden, wenn eine alte Königin vorhanden ist, deren Samenvorrat erschöpft ist, oder wenn eine Jungkönigin nicht begattet wurde. In diesem Falle legt die Königin zwar Eier, aber eben nur unbefruchtete. Da die Drohneneier auch in die engen Arbeiterinnenzellen gelegt werden, wölben sich dort die verdeckelten Zellen weit heraus. Dieses Bild wird »Buckelbrut« genannt.

Wenn Sie beim Blick in die Bienenkiste also nur Drohnenbrut sehen können und keine verdeckelten Flächen mit Arbeiterinnenbrut, ist das Bienenvolk ziemlich sicher drohnenbrütig und wird ohne imkerlichen Eingriff zugrunde gehen. Über den Weg der Drohnen, die in dieser letzten Lebensphase des Bienenvolks noch heranwachsen, hat das Volk noch eine letzte Chance, seine Gene weiterzugeben. Als Imker müssen Sie entscheiden, ob Sie dem Weg der Natur folgen und »Sterbehilfe« leisten oder ob Sie versuchen wollen, das Bienenvolk zu erhalten.

Das klassische Verfahren im Mobilbau, Drohnenbrütigkeit zu heilen, besteht darin, alle Waben aus der Beute herauszunehmen, die Bienen mit etwas Abstand (mindestens zehn Meter) ins Gras zu fegen und die leere Beute mit den Waben wieder an ihren Platz zu stellen. Die meisten Bienen fliegen zurück in die alte Beute. Die Drohnenmütterchen sind durch die Legetätigkeit schwerer und können nicht so gut fliegen. Außerdem werden nur die jüngsten Bienen zu Drohnenmütterchen. Sie hatten noch nicht die Gelegenheit, Orientierungsflüge zu machen und sich den Standort der Bienenwohnung einzuprägen. Durch diese Maßnahme können Sie also die eierlegenden Arbeiterinnen aus dem Bienenvolk aussortieren. Anschließend kann die Bienenkiste mit einer neuen Königin beweiselt werden.

In der Bienenkiste ist diese Maßnahme etwas aufwendiger als im Magazin. Sie müssen zunächst den Honigraum leer räumen, sofern er schon in Verwendung ist, und dann die mittlere Querleiste entnehmen. Anschließend können Sie die 12 Brutwaben einzeln entnehmen. Nachdem Sie die Bienen in einiger Entfernung abgefegt haben, setzen Sie die Waben in derselben Reihenfolge wieder ein und stellen die Bienenkiste an ihren alten Ort. Ältere Brutwaben sind sehr stabil und werden kaum abbrechen. Junges Wabenwerk kann noch empfindlicher sein. Wenn einmal eine Wabe abbricht, dann macht es keinen Sinn, die abgebrochene Wabe noch retten zu wollen. Setzen Sie dann einfach die Trägerleiste mit dem verbliebenen Wabenrest oder auch eine ganz neue Leiste mit einem Anfangsstreifen ein. Die Bienen können den Verlust schnell wieder ausgleichen und bauen dort eine neue Wabe.

Königin im Blumentopf

Auch wenn Weisellosigkeit im Zusammenhang mit dem Schwarmprozess eher eine Ausnahme darstellt, bietet sich der Schwarmprozess an, ein zusätzliches »Begattungsvolk« zu bilden und auf diesem Wege eine Reservekönigin heranzuziehen. Das ist insbesondere überlegenswert, wenn Sie nur ein einziges Bienenvolk besitzen. Wahrscheinlich werden Sie die Königin nicht selbst benötigen, aber vielleicht gibt es andere Imker in Ihrer Nachbarschaft, die dafür dankbar sind, und im Notfall hätten Sie die Möglichkeit, Ihr Bienenvolk selbst neu zu beweiseln. Außerdem ist für Anfänger so ein »Bonsai-Bienenvolk« ein schönes Studienobjekt. Sie können das Wabenwerk mit Eiern, Larven, Pollen und Vorräten, das Verhalten der Bienen und sogar die Königin ganz in Ruhe beobachten.

Als Mini-Bienenwohnung eignet sich gut ein einfacher Tonblumentopf mit einem Durchmesser von 18 Zentimetern (besorgen Sie sich gleich zwei Stück davon, da sie den zweiten ebenfalls benötigen werden). Die schrägen Wände sorgen dafür, dass die Bienen ihre Waben nicht am Rand anbauen. Das kleine Loch am Boden des Blumentopfs soll als Flugloch dienen. Daher stellen Sie den Blumentopf auf zwei kurze Holzleisten, die Sie auf den Boden als offenes Dreieck legen, sodass die Bienen nur noch in eine Richtung abfliegen können.

Außerdem benötigen Sie noch ein dünnes Holzbrett von etwa 20 × 20 Zentimeter, mit dem Sie den Blumentopf später abdecken. In das Holzbrett bohren oder sägen Sie zunächst ein Futterloch. Sofern Sie flüssig füttern wollen, sollte es drei bis vier Zentimeter groß sein. Wenn Sie mit Futterteig oder kandiertem Honig füttern, reicht ein etwas kleineres Loch von ein bis drei Zentimeter.

Sie benötigen etwa die Menge einer Suppenkelle voll Bienen und eine Weiselzelle. Idealerweise nehmen Sie diese Menge Bienen vom Schwarm ab, wenn Sie den Vorschwarm fangen. Normalerweise sammeln sich kurze Zeit nach dem Abstoßen der Schwarmtraube noch einige Bienen an der alten Stelle. Sie können diese Bienen dann einfach in einen weiteren kleinen Transportbehälter für den Begattungsableger geben. Wenn Sie die Bienen nachträglich aus der großen Schwarmkiste schöpfen wollen (dazu können Sie tatsächlich eine Suppenkelle nehmen), sollten Sie sich vergewissern, dass bei Ihrem Minischwarm nicht die Königin dabei ist. Das würden Sie schnell am Verhalten des großen Schwarms in der Schwarmkiste merken.

Wenn Sie keine Möglichkeit haben, Bienen vom Schwarm abzuzweigen, können Sie auch einfach dadurch Bienen sammeln, indem Sie den Boden der Bienenkiste abnehmen und die ansitzenden Bienen in eine entsprechend große Kiste oder Schüssel oder auf eine Folie abstoßen und in eine Schwarmkiste schütten. Sprühen Sie die am Bienenkistenboden sitzenden Bienen mit etwas Wasser ein, damit sie nicht so schnell auffliegen. Falls Sie mit einem Mal nicht genug Bienen gewinnen, setzen Sie den Boden wieder ein, warten eine Viertelstunde und wiederholen den Vorgang noch einmal. Anders als bei einem echten Schwarm haben diese Bienen ihren Standort aber nicht vergessen und Sie müssten das Begattungsvölkchen mit dem Blumentopf dann einige Kilometer entfernt aufstellen, damit die Bienen nicht zu ihrem alten Volk zurückfliegen.

Die Weiselzellen gewinnen Sie einfach aus der Bienenkiste. Um Nachschwärme zu vermeiden, würden Sie ja sowieso alle Weiselzellen – bis auf eine – ausbrechen. Für das Begattungsvolk eignen sich die ältesten Weiselzellen. Drei Tage vor Schlupf fängt die Königinnenpuppe bereits an, sich in der Weiselzelle zu bewegen. Die Bienen reagieren darauf, indem sie den Wachsdeckel abnagen. Die dunkle Haut des Kokons an der Spitze der Weiselzelle wird so sichtbar. Diese reifen Königinnenzellen sind ideal. Wenn die Zelle schon kurz vor dem Schlupf steht, kann es sogar sein, dass Ihnen die Königin in die Hand schlüpft – umso besser! Dann lassen Sie die Königin einfach zu ihrem Minischwarm hineinlaufen und das Begattungsvölkchen ist bereit. Sind noch keine so alten Zellen zu finden, nehme ich lieber zwei bis drei verdeckelte Zellen, um die Erfolgschancen zu erhöhen. Zu junge Königinnenlarven können von dem kleinen Volk unter Umständen nicht genug gewärmt werden. Achten Sie darauf, dass Sie die Weiselzelle beim Herausnehmen nicht beschädigen und dass noch ein ausreichender Rest der Wabe vorhanden ist, um sie mit einer Heftzwecke an das Holzbrett zu pinnen, sodass sie – wie im Ursprungsvolk – nach unten hängt. Bringen Sie die Weiselzellen gleichmäßig verteilt nicht zu nah am Rand des Holzbretts an.

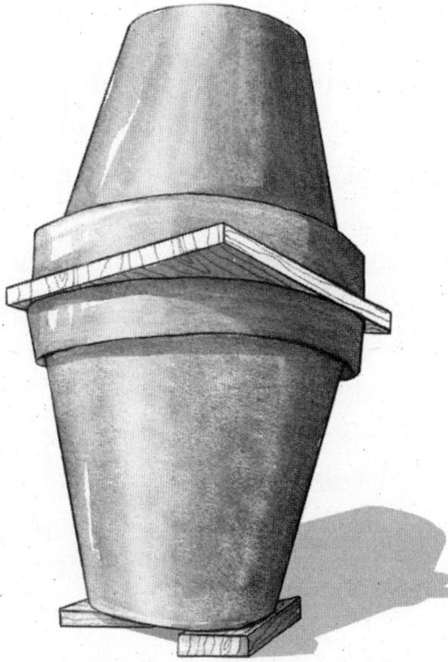

Aus zwei Tonblumentöpfen und einem quadratischen Holzbrett wird eine Mini-Bienenwohnung, um eine Reservekönigin heranzuziehen.

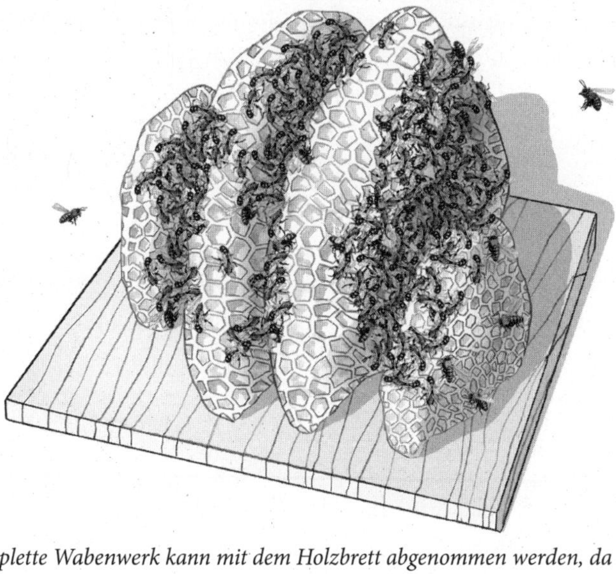

Das komplette Wabenwerk kann mit dem Holzbrett abgenommen werden, da die Bienen ihre Waben an den schrägen Wänden des Tontopfes nicht anbauen.

Schütten Sie die Bienen anschließend in den Blumentopf und decken ihn mit dem Holzbrett ab.

Sie können diesen Minischwarm wie einen normalen Schwarm behandeln. Wenn Sie ihn nicht sofort am Bienenstand aufstellen wollen, brauchen Sie für den Transport eine geeignete Schwarmkiste. Da die Weiselzelle nicht lange außerhalb des Bienenvolks herumliegen soll, habe ich für die Bildung von Begattungsvölkern extra eine kleine Schwarmkiste aus einem passenden Pappkarton gebastelt, auf den das Holzbrett gut passt. Den Deckel des Kartons habe ich abgeschnitten und lege das Holzbrett gleich nach dem Hineinschütten der Bienen mit der angehefteten Weiselzelle auf die Öffnung. Ich stelle solche Begattungsableger gerne auf meinen Balkon, der einige Kilometer vom Bienenstand entfernt ist. Damit das Brett beim Transport nicht abfällt, klebe ich es einfach mit Klebeband fest. Der Pappkarton hat wie eine große Schwarmkiste Lüftungsöffnungen auf beiden Seiten, die ich mit Fliegengitter bienendicht verschlossen habe. Zum Transport verschließe ich die Futteröffnung im Holzbrett zunächst mit einem kleinen Stück Pappe und etwas Klebeband. Am endgültigen Standort hebe ich einfach den Holzdeckel mit der ansitzenden Bienentraube vorsichtig vom Karton ab und setze ihn auf den vorbereiteten Blumentopf.

Begattungsableger aus Nachschwarm gewinnen

Wenn Sie einen Nachschwarm einfangen, kommt es oft vor, dass er in mehreren Zipfeln oder kleinen Trauben im Baum hängt. Oft schwärmen mehrere junge Königinnen gleichzeitig und sammeln sich dann auch an einem gemeinsamen Ort. In jedem Zipfel ist eine junge Königin. Wenn Sie vor dem Abstoßen der gesamten Schwarmtraube einen dieser Zipfel vorsichtig »ernten«, können Sie daraus ebenfalls einen Begattungsableger machen. Wenn die Bienenmasse zu groß ist, sollten Sie entweder einen größeren Blumentopf nehmen oder den überschüssigen Teil der Bienen (ohne die Königin) zum restlichen Schwarm zurückgeben.

Fangen Sie sofort mit dem Füttern an, denn die wenigen Bienen können sich nicht durch Sammelflüge ausreichend selbst versorgen. Sie können entweder ein Glas mit kandiertem (eigenen!) Honig oder Futterteig einfach umgekehrt auf das Futterloch stellen oder Zuckerlösung (ein Gewichtsteil Wasser, ein Teil Zucker) verwenden. Dazu machen Sie in den Deckel eines Twist-off-Glases mit einem Nagel einige Löcher und stellen das Glas umgedreht auf das Futterloch. Ich stülpe über das Futtergefäß immer noch einen zweiten Blumentopf und lege einen Ziegelstein darauf, damit es nicht so einfach von Tieren heruntergestoßen werden kann.

Das kleine Volk verhält sich wie ein großes Bienenvolk. Am Folgetag fliegen sich die Bienen am neuen Standort ein. Bald danach werden Pollen gesammelt, die junge Königin schlüpft (falls es mehrere Weiselzellen waren, werden die Rivalinnen getötet) und macht ihren Hochzeitsflug. Die Bienen bauen Waben und irgendwann fängt die Königin an, Eier zu legen. Durch die schrägen Wände des Blumentopfs werden die Waben nicht angebaut und Sie können das Bienenvolk inspizieren, indem Sie das Holzbrett mit dem kompletten Wabenwerk abnehmen. Wegen der wenigen Waben werden Sie auch die Königin zu Gesicht bekommen, wenn Sie etwas abwarten. Sie können außerdem problemlos erkennen, ob das Volk Brut hat – also weiselrichtig ist. Wenn Sie die Bienen am Haus – z. B. auf dem Balkon oder vor dem Arbeitsfenster – haben, sehen Sie vielleicht sogar, wenn die Königin ihren Hochzeitsflug unternimmt.

Wenn die erste Generation neuer Bienen geschlüpft ist, wird es schnell zu eng im Blumentopf, und selbst dieses Minivölkchen könnte noch einmal in Schwarmtrieb kommen und einen »Mikroschwarm« abgeben.

Um eine weisellose Bienenkiste mit einer Königin aus diesem Begattungsvolk zu beweiseln, können Sie das Holzbrett mit den Waben und Bienen einfach umgekehrt in den hinteren Raum der Bienenkiste legen und nah an das Trennschied rücken. Die neue Königin wird aber nur dann vom weisellosen Volk angenommen, wenn sie schon eigene Nachkommen hat! Das erkennen Sie an den

Auf Standort achten

Das kleine Bienenvölkchen kommt nicht so gut mit extremen Witterungsbedingungen zurecht. Sehr kühles Wetter kann das Experiment scheitern lassen und auch große Hitze kann ein Problem sein. Da man sich das Wetter nicht aussuchen kann, sollten Sie zumindest den Standort sorgfältig auswählen und kühle, windige Stellplätze genauso meiden wie direkte Sonneneinstrahlung.

Ein Tonblumentopf bietet unter diesen Gesichtspunkten keine optimalen Bedingungen. Wenn Sie regelmäßig Begattungsvölker aufziehen wollen, können Sie auch Begattungskästen aus Holz oder Styropor im Imkerfachhandel kaufen.

behaarten, etwas helleren Bienen. Die glatten, dunkleren Bienen sind noch die alten abgearbeiteten Bienen vom Schwarm. Ohne eigene Nachkommen erzeugt sie noch nicht genügend Königinnenpheromon und wird voraussichtlich von dem weisellosen Volk abgestochen. Wenn es sich im Falle einer Weisellosigkeit aber nicht anders einrichten lässt, können Sie es trotzdem einfach riskieren. Wenn die neue Königin nicht akzeptiert wird, kann das weisellose Volk die jungen Arbeiterinnen-Larven aus dem Begattungsvolk nutzen, um daraus eine neue Königin nachzuschaffen. In beiden Fällen bekommt das weisellose Volk über den Begattungsableger eine neue Königin.

Sofern Sie die Königin nicht benötigen und auch nicht anderweitig unterbringen können, müssten Sie das Volk spätestens zur Ende der Saison auflösen, da es nicht groß genug für die Überwinterung ist. Bringen Sie das Blumentopf-Volk an Ihren Bienenstand und schneiden Sie dort die Waben vorsichtig heraus. Die Bienen fegen Sie vor den Bienenkisten ins Gras. Die Königin würde dort liegenbleiben und sterben, weil sie nicht fliegen kann, wenn sie kurz vorher noch Eier gelegt hat. Sollte sie es bis zum Eingang der Bienenkiste schaffen, wird sie dort von den Wächterbienen getötet. Falls

Sie die Königin sehen, könnten Sie ihr einen schnellen barmherzigen Tod gewähren, indem Sie sie zerdrücken oder einfrieren (siehe Seite 141).

Trommelschwarm als Schwarmvorwegnahme

Die wesensgemäße Bienenhaltung kennt im Mobilbau das Konzept der Schwarmvorwegnahme. Wenn ein Bienenvolk in Schwarmstimmung ist, wartet man so lange, bis die älteste Weiselzelle kurz vor der Verdeckelung steht. Vorher wird das Volk ja nicht schwärmen. Man sucht die Königin heraus und entnimmt sie mit etwa der Hälfte der Bienen. Das verbliebene Bienenvolk kann dann nicht mehr schwärmen, da – genau wie bei einem echten Schwarm – die alte Königin und ein großer Teil der Bienen fehlen. Der auf diesem Weg »vorweggenommene« Schwarm hat aber ähnliche Eigenschaften wie ein natürlich ausgezogener Schwarm, da die Bienen schon im Prozess der Schwarmvorbereitung stehen. Ein vorweggenommener Schwarm entwickelt sich deshalb viel besser als ein Kunstschwarm, der außerhalb des natürlichen Schwarmprozesses gebildet wurde. Die Schwarmvorwegnahme ist eine Alternative zum freien Abfliegen des Schwarms, wenn man keine Chance sieht, ihn einzufangen zu können.

In der Bienenkiste ist diese Art der Schwarmvorwegnahme nicht empfehlenswert, weil Entnahme und Wiedereinsetzen der Brutwaben im Vergleich zum Mobilbau relativ aufwendig sind. Es ist ohnehin eine Herausforderung, die Königin zu finden, und es kann vorkommen, dass man die Bienenwohnung unverrichteter Dinge wieder schließen muss, um am nächsten Tag einen neuen Anlauf zu nehmen.

Als Alternative möchte ich Ihnen das Trommelschwarmverfahren vorstellen, das traditionell in Körben und Klotzbeuten praktiziert wurde. Beim Trommeln macht man sich einen Fluchtreflex der Bienen zunutze. Wenn das Wabenwerk fortwährenden Erschütterungen ausgesetzt ist, verlässt ein großer Teil der Bienen zusammen mit der Königin die Waben und läuft nach oben. Vermutlich wollen sie verhindern, dass sie unter abbrechenden Waben und Honig begraben werden. Aber so weit lassen wir es ja nicht kommen.

Bei Körben wird der abzutrommelnde Korb mit der offenen Unterseite nach oben gedreht und ein zweiter leerer Korb daraufgestellt. Zuvor wurde kräftig Rauch gegeben und etwas gewartet, damit die Bienen ihre Honigmägen füllen konnten. Nun wird an den Seiten, wo die Waben an die Korbwand stoßen, sanft mit den Händen getrommelt: erst unten, dann in der Mitte, zuletzt oben, insgesamt etwa zehn Minuten. Die Bienen und die Königin verlassen die Waben und sammeln sich im oberen Korb. Sofern Brut im Volk ist, bleiben immer genügend Bienen auf den Waben zurück, um die Brut weiterzupflegen.

Für die Bienenkiste haben wir dieses Konzept adaptiert. Wenn Sie die folgenden Grundregeln beherzigen, liegt die Erfolgsquote sehr hoch. Im ersten Moment erscheint es sehr abwegig, auf der eigenen Bienenkiste herumzutrommeln. Man würde erwarten, dass selbst die friedlichsten Bienen dadurch aggressiv werden und sich auf den »Trommler« stürzen. Manches experimentierfreudige Kind hat auf diesem Wege schon unerfreuliche Erfahrungen mit einem Bienenvolk gemacht. Interessanterweise passiert aber nichts dergleichen. Die Bienen zeigen keinerlei Verteidigungsverhalten, sondern sind bemüht, sich möglichst schnell in Sicherheit zu bringen. Ähnlich wie beim Einfangen eines Schwarms oder bei dem Einlaufenlassen der Bienen verhalten sich die Bienen sehr friedlich.

Die Bienen laufen nicht gerne über Honigwaben. Das Trommelschwarmverfahren funktioniert daher nur in einer Bienenkiste mit leerem Honigraum. Hierhin werden die Bienen beim Trommeln laufen. Sofern der Honigraum schon mit Waben bestückt ist, müssten Sie diese zuvor entnehmen, andernfalls natürlich das Trennschied. Beides machen Sie am besten am Vortrag, denn frisch herausgelaufener Honig in dem Bereich, über den die Bienen laufen sollen, ist natürlich erst recht kontraproduktiv.

Basteln Sie sich einen passenden Pappkarton oder einen Sperrholzkasten, der den Honigraum genau ausfüllt, allseitig geschlossen

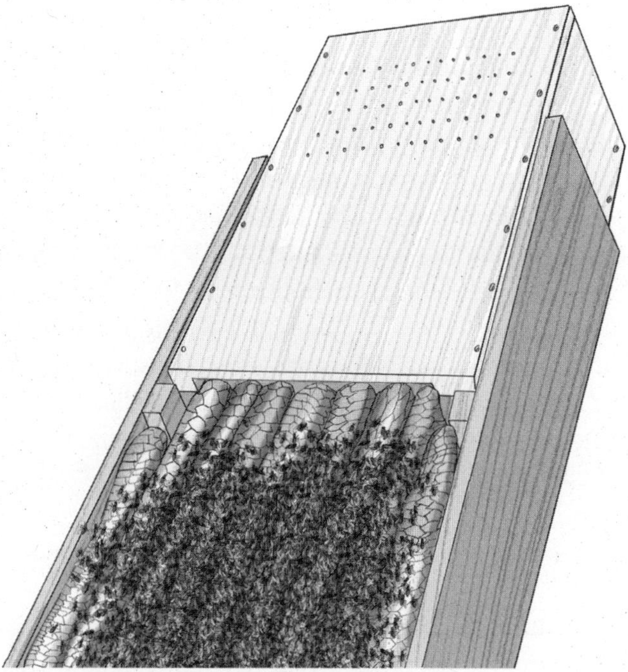

Ein passender Pappkarton oder Sperrholzkasten wird in den leeren Honigraum eingesetzt. Durch das Trommeln verlässt ein Teil der Bienen zusammen mit ihrer Königin die Waben und läuft nach oben in die Trommelschwarmkiste.

ist und nur eine Öffnung in Richtung Brutwaben hat. Der Kasten wird später in den Honigraum eingesetzt und sollte keinen Spalt zur Seitenwand der Bienenkiste lassen. Nötigenfalls stopfen Sie noch etwas in den verbleibenden Zwischenraum. Rücken Sie den Kasten ganz nah an die Waben. Dort wo vorher der Boden der Bienenkiste war, sollte die Kastenwand etwas länger sein und die Wabenunterkanten der Brutwaben berühren. Eine Lücke an dieser Stelle könnte dazu führen, dass der Bienenstrom dort ins Stocken gerät.

Zum Trommeln stellen Sie die Bienenkiste zunächst ganz normal mit dem Ständer aufrecht, nehmen den Boden ab und setzen den Kasten in den leeren Honigraum ein. Geben Sie einmal kräftig Rauch und warten Sie eine Minute. Danach beginnen Sie im unteren Drittel (also fluglochnah) vorsichtig mit den Fingern auf den Wabenkanten zu trommeln. Die Bienen werden sich sofort nach innen in die Wabengassen zurückziehen und nach oben bewegen. Folgen Sie mit dem Trommeln langsam der Bewegung der Bienen und geben Sie gegebenenfalls im unteren Bereich gelegentlich etwas Rauch, um zu verhindern, dass Bienen wieder nach unten zurücklaufen. Wenn das Wabenwerk schon etwas älter und stabiler ist, können Sie auch die Finger wie auf einer Klaviertastatur über die Wabenkanten hin und her gleiten lassen. Junges Wabenwerk, das erst ein bis zwei Jahre alt ist, kann etwas empfindlich sein. Leichte Verformungen der Waben an den Unterkanten machen nichts, versuchen Sie aber gegebenenfalls vorhandene Weiselzellen unbeschädigt zu lassen.

Nach einiger Zeit sehen die Waben fast bienenleer aus. Das täuscht aber. Ein Teil der Bienen hat sich ganz nach innen in die Wabengassen zurückgezogen. Nach ungefähr zehn Minuten geben Sie an der Übergangsstelle zwischen Wabenwerk und Trommelschwarmkiste noch einmal etwas Rauch und nehmen den Kasten vorsichtig heraus. In ihm sollten sich nun etwa zwei Kilogramm Bienen und die Königin befinden.

Da die Bienen vor allem das Wabenwerk verlassen wollen, können größere freie Räume zwischen Waben und den Seitenwänden der Bienenkiste den Erfolg des Trommelns infrage stellen. Sie sollten das Trommelschwarmverfahren nur in voll ausgebauten Bienenkisten durchführen. Wenn noch etwas Platz zwischen den Randwaben und Seitenwänden ist, sollten Sie diesen Bereichen etwas mehr Aufmerksamkeit schenken und dort nötigenfalls zusätzlich Rauch geben, damit sich hier gar nicht erst eine größere Menge Bienen ansammelt. Es kann auch helfen, zusätzlich mit einem Holzknüppel sanft(!) die Seitenwände zu betrommeln.

Wenn das Bienenvolk zum Zeitpunkt des Trommelns sehr groß ist, kann es passieren, dass die Bienen beim Trommeln förmlich aus der Bienenkiste herausquellen und das Wabenwerk auch über die Seitenbretter verlassen, statt nach oben zu laufen. Um dies zu verhindern, könnten Sie das Wabenwerk zu Beginn vollständig mit einem passenden Tuch abdecken, das unter der Kante des Trommelschwarmkastens endet und an den Seitenbrettern zunächst mit Heftzwecken befestigt ist. Nun rollen Sie das Tuch von unten langsam hoch und trommeln wie oben beschrieben in dem offenen Bereich auf die Wabenkanten. Es ist nicht nötig und zweckmäßig, durch das Tuch hindurch zu trommeln. Es ist besser, wenn Sie sehen, was passiert, und außerdem fliehen die Bienen auch vor dem Licht.

Stellen Sie nach Abschluss des Trommelns die Trommelschwarmkiste für eine Viertelstunde mit der Öffnung nach unten auf ein schwarzes Tuch oder Ähnliches. Klemmen Sie einen Ast darunter, damit noch Luft in die Kiste kommt. Da die Königin nicht sofort aufhören kann, Eier zu legen, können Sie mit etwas Glück nach einigen Minuten ein paar Eier auf der dunklen Unterlage sehen. Das wäre dann ein sicheres Zeichen dafür, dass die Königin dabei ist. Falls Sie keine Eier sehen, ist das aber noch kein Grund, sofort von einem Fehlschlag auszugehen. Wenn der Trommelschwarm sich nach einiger Zeit beruhigt und im Laufe der nächsten Stunden eine Schwarmtraube bildet, können Sie ebenfalls davon ausgehen, dass die Königin dabei ist. Wenn sich der Trommelschwarm nicht beruhigt, würden Sie ihn zum Muttervolk zurückgeben. Ich schätze aufgrund unserer Erfahrungen die Erfolgsquote auf etwa 90 Prozent.

Den Trommelschwarm können Sie wie einen normalen Schwarm weiterversorgen und einlogieren. Ein vorweggenommener Schwarm hat aber anders als ein natürlicher Schwarm den Standort des Muttervolks nicht vergessen. Wird er am gleichen Standplatz aufgestellt, fliegt ein Teil der Bienen zum Muttervolk zurück. In diesem Falle wäre es ratsam, die Stellplätze von Schwarm und Muttervolk zu tauschen. So wird der Trommelschwarm noch zusätzlich mit den Flugbienen des Muttervolks verstärkt.

Wenn Sie Schwärme auf diesem Wege vorwegnehmen wollen, wäre es ratsam, gar nicht erst den Honigraum freizugeben, sondern den Durchgang in den hinteren Raum ganz zu verschließen. Das Volk würde dadurch früher in Schwarmstimmung kommen und Sie müssen vor dem Trommeln nicht erst den Honigraum abräumen. Sowohl Schwarm als auch Muttervolk haben dann eine längere Entwicklungszeit und könnten unter günstigen Bedingungen noch etwas Sommertrachthonig einbringen. Achten Sie darauf, dass möglichst wenige Weiselzellen beschädigt werden.

Es gibt Bienenkisten-Imker, die gar nicht warten, bis das Bienenvolk in Schwarmstimmung ist, sondern sehr früh in der Saison (Anfang Mai) einen Trommelschwarm machen. Solche Schwärme sind dann Kunstschwärme, die nicht aus dem Schwarmtrieb herausgebildet wurden. Gegenüber konventionellen Kunstschwärmen haben sie aber den Vorteil, dass alle Bienen und die Königin aus demselben Volk kommen. Das Muttervolk hat keine Weiselzellen, kann aber über Nachschaffung eine neue Königin heranziehen. Es wird durch diesen Eingriff voraussichtlich nicht mehr in Schwarmstimmung kommen. Da die Maßnahme sehr früh in der Saison durchgeführt wird, haben beide Volksteile gute Entwicklungschancen. Aus wesensgemäßer Sicht ist dies schon relativ weit vom natürlichen Schwarmgeschehen entfernt, da sich das Bienenvolk noch gar nicht in Schwarmstimmung befindet.

Der Trommelschwarm bietet sich auch an, wenn Sie eigentlich nur die Königin heraussuchen wollen, um sie gegen eine andere Königin auszutauschen. Gründe dafür könnten z. B. sein, dass ein Bienenvolk relativ aggressiv ist oder eine genetisch bedingte Krankheitsneigung wie Kalkbrut hat, bei der die Bienenlarven durch eine Pilzinfektion absterben und zu »versteinerten« Kalkbrutmumien werden. In diesem Fall müssten Sie nach dem Trommeln die Königin heraussuchen und danach die restlichen Bienen zurückgeben. Anschließend kann dem Bienenvolk eine neue Königin zugesetzt werden. Um die Königin zu finden, schütten Sie den Trommelschwarm auf ein großes weißes Tuch und stellen die Schwarmkiste mit geöffnetem Flugloch bzw. mit einem Stöckchen unter dem Rand neben die Bienenmasse. Die Bienen werden zurück in die Schwarmkiste laufen und Sie haben die Chance, die Königin zu entdecken und mit einem Königinnen-Abfangclip herauszufischen. Wenn Sie kurz nach dem Zurückgeben der Bienen sehr kräftig Rauch geben, können Sie die neue Königin durch das Flugloch zulaufen lassen, ohne dass sie als »fremde« Königin abgestochen wird.

Ohne Mittelwände imkern

In der Standardbetriebsanleitung der Bienenkiste kommen Mittelwände an zwei Stellen zum Einsatz: Anfangsstreifen als Bauvorgaben im Brutraum und ganze Mittelwände im Honigraum. Wie eingangs beschrieben, ist jede Betriebsweise ein Kompromiss zwischen den Bedürfnissen der Bienen und denen des Imkers. Wir wollten eine Betriebsweise vorstellen, die einerseits sehr wesensgemäß ist, und andererseits auch Anfängern ohne große praktische Erfahrungen im Umgang mit Bienen den Einstieg ermöglicht. Es ist aber ohne Frage so, dass die Mittelwände ein Fremdkörper im Körper des Biens sind. Es gibt zudem eine Rückstandsproblematik, da Mittelwände aus dem Bienenwachs alter Waben recycelt werden und Umweltgifte oder Spuren von Medikamenten enthalten können, die sich im Laufe der Zeit dort angereichert haben. Daher empfehlen wir, nur zertifiziert rückstandsfreie Mittelwände oder noch besser Mittelwände aus ökologischer Bienenhaltung zu kaufen.

Bienen nehmen auch fremdes Wachs an und integrieren es in ihren Wabenkörper. Nur deshalb funktioniert die Bauvorgabe mit Anfangsstreifen. Auch Wildvölker übernehmen gerne alte Waben in leer stehenden Bienenwohnungen. Das Vorhandensein alter bebrüteter Waben ist sogar ein Auswahlkriterium für die Wahl der Bienenwohnung. Die Verwendung von Mittelwänden für Anfangsstreifen halte ich daher eher für unkritisch.

Anders sieht es im Honigraum aus. Es gibt zwei Gründe, warum wir Anfängern empfehlen, im Honigraum Leisten mit ganzen Mittelwänden einzusetzen. Zum einen werden die vorgeprägten Zellen von den Bienen als Wabenzellen erkannt. In der Trachtzeit sind sie darum bemüht, alle leeren Zellen mit Honig zu füllen. Die vorhandenen leeren Zellen liefern Informationen darüber, wie viel Honig benötigt wird. Wenn wir als Imker nun zusätzliche leere Zellen ins Volk bringen, erhöht das den Sammeleifer der Bienen. Auf diesem Trick basiert die gesamte moderne Imkerei. Die Erweiterung mit leeren Waben oder Mittelwänden hat eine andere Wirkung, als würde man nur einen zusätzlichen leeren Raum ohne Waben öffnen. Wenn die Bienen erst noch die Waben bauen müssen, um weitere Vorräte einlagern zu können, kommen sie viel schneller in Schwarmstimmung und investieren ihre Kräfte lieber in die Gründung einer neuen Kolonie, als Vorräte zu sammeln, die sie wahrscheinlich gar nicht selbst brauchen. Die Mittelwände im Honigraum erhöhen also den Ertrag und verringern die Schwarmneigung.

Ein weiterer Grund ist, dass frisch gebaute, unstabilisierte Naturwaben bruchgefährdeter sind als Waben mit Mittelwand. Bei sogenannten »Stoßtrachten«, wenn innerhalb weniger Tage viele Kilogramm Nektar eingetragen werden, können Waben schneller aufgrund ihres Eigengewichts abreißen. Auch sehr warme Tage erhöhen das Risiko von Wabenbruch. Die Honigernte Ende Juli fällt genau in die wärmste Jahreszeit und es kann passieren, dass Waben bei der Ernte von der Holzleiste abbrechen. Es gibt für Anfänger kaum eine unerfreulichere Situation als Wabenbruch während der Ernte: Honig läuft heraus, Bienen kleben im Honig fest, überall wimmeln Bienen. Deshalb raten wir dazu, zunächst einmal Mittelwände im Honigraum zu verwenden. Haben Sie bereits erste Erfahrungen gesammelt und sind sicherer im Umgang mit den Bienen, können Sie auch darüber nachdenken, auf Mittelwände zu verzichten und im Honigraum ebenfalls nur Leisten mit Anfangsstreifen einzusetzen.

Auch wenn Sie Mittelwände im Honigraum verwenden, gibt es Situationen, in denen Sie sich vielleicht nicht ganz sicher sind, ob es sich überhaupt lohnt, den Honigraum freizugeben. Vielleicht hat sich das Bienenvolk im Frühjahr nicht so schnell entwickelt und ist noch recht schwach. Vielleicht ist es unklar, ob es noch Tracht geben

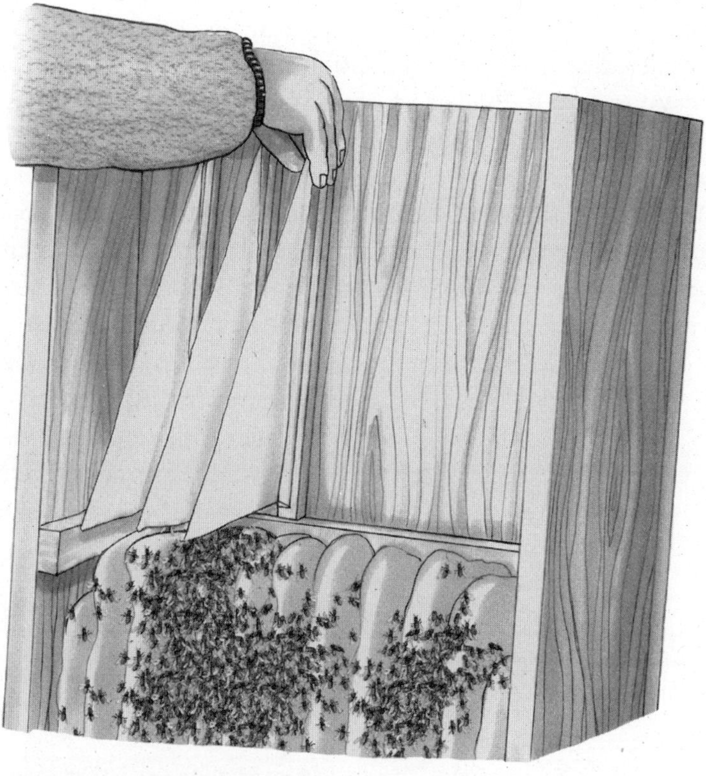

Mit diagonal zugeschnittenen Mittelwänden können Sie sich an das Imkern ohne Mittelwände herantasten.

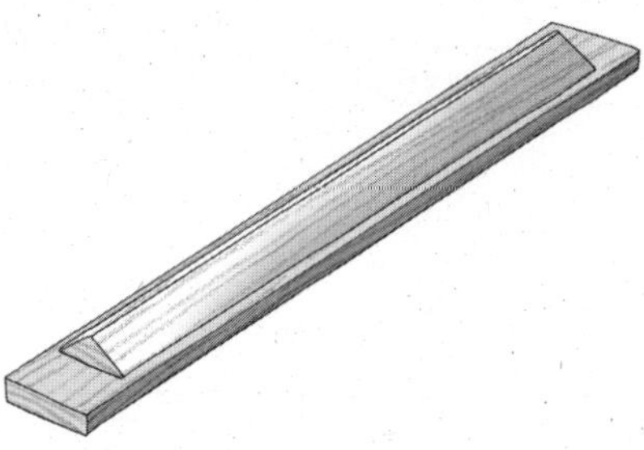

Dreiecksleisten können als Oberträger eingesetzt werden, wenn Sie auch auf Anfangsstreifen verzichten möchten.

wird. Oder das Volk ist geschwärmt und dadurch in der Entwicklung zurückgeworfen. Oder ein frisch einlogierter Schwarm hat schon innerhalb kürzester Zeit den Brutraum ausgebaut und es ist noch Tracht zu erwarten. Vielleicht haben Sie aber einfach nur zu wenige Mittelwände oder wollen nicht gleich ganz auf die Mittelwände verzichten und sich langsam an eine mittelwandfreie Betriebsweise herantasten. In diesen Fällen würde ich die Mittelwände diagonal durchschneiden und so einsetzen, dass sie in Richtung Brutraum bis nach unten reichen und sich in Richtung Rückbrett immer weiter verjüngen. Sie benötigen dann nur die halbe Menge Mittelwände und die diagonale Form nimmt die natürliche Art, wie das Bienenvolk sein Wabenwerk nach hinten erweitern wird, auf.

Wer auch auf Anfangsstreifen verzichten will, kann als Oberträger einfach dreieckige Holzleisten nehmen. Die Bautraube orientiert sich normalerweise an der Spitze und fängt dort an, die Wabe zu bauen.

Wabenbruch vermeiden

Die Bienen nutzen jede zusätzliche Stabilisierungsmöglichkeit und bauen die Honigwaben auch am Rückbrett an. Wenn Sie das Rückbrett nie entnehmen, dann werden die Waben dort besonders stark mit Honig gefüllt. Die Bienen merken, dass die Waben dort tragfähiger sind. Bei der Ernte fehlt dann die zusätzliche seitliche Stabilisierung und Waben können allein aufgrund ihres Eigengewichts von den Holzleisten abreißen. Daher sollten Sie anfangs das Rückbrett bei der wöchentlichen Kontrolle auf jeden Fall entnehmen und vor dem Wiedereinsetzen die Wachsbrücken abkratzen. Nachdem Sie das zwei- bis dreimal gemacht haben, werden die Waben kaum noch angebaut und sind bei der Ernte stabiler.

Bei Wildbau Honig ernten

Wenn Sie im Honigraum keine Mittelwände verwenden, gibt es eine höhere Neigung zu »Wildbau« – also kreuz und quer gebauten Waben, die sich nicht an den Bauvorgaben der Trägerleisten orientieren. Es passiert manchmal, dass einzelne Waben etwas dicker gebaut werden, damit sie mehr Honig aufnehmen können. Benachbarte Waben werden dann versetzt gebaut oder nehmen gleich einen noch »kreativeren« Verlauf. Sie können diese Honigwaben dann bei der Ernte nicht mehr einfach an den Holzleisten einzeln entnehmen. Da die Waben mit Bienen besetzt sind, ist es eine besondere Herausforderung, solche Honigwaben herauszuschneiden, wie es die Zeidler früher gemacht haben.

Wenn ich damit rechnen muss, dass die Ernte aufwendiger wird und länger dauert, lege ich die Kiste auf den Rücken und decke den Brutbereich mit dem Bodenbrett ab. Dazu stelle ich die Kiste zunächst aufrecht, drehe sie um 180 Grad und kippe sie an ihren ursprünglichen Platz zurück, sodass das Flugloch wieder nach vorne zeigt. Vom Bodenbrett stoße ich die Bienen ab und lege es dann so auf den Brutbereich der Kiste, dass es nach vorne entsprechend übersteht und der Erntebereich offen ist. Es ist besser, die Bienen erst vom Bodenbrett abzustoßen und das Brett dann gleich richtig aufzulegen. Wenn Sie es mit ansitzenden Bienen nach vorne schieben, macht das die Bienen aggressiv. Die liegende, abgedeckte Bienenkiste hat einen zweifachen Vorteil: Da das Flugloch ungefähr wieder dort ist, wo es vorher war, können die Bienen, die in der Luft sind, in die Kiste zurückfinden. Es schwirren also weniger Bienen umher. Und da der Brutbereich wieder abgedeckt ist, bleiben die Bienen länger ruhig. Die Bienenkiste umgedreht hinzulegen, ist außerdem zwingende Voraussetzung, damit das Ausschneiden der Honigwaben komplikationsfrei gelingt.

Ernten Sie zuerst die Honigwaben, die normal an einer einzelnen Trägerleiste angebaut sind. Wenn mehrere Trägerleisten durch eine Wabe verbunden sind (z. B. seitlich versetzt gebaut), dann nehmen Sie diesen Bereich gemeinsam heraus, als würde es sich um eine einzelne Leiste handeln. Da die Leisten verkittet sind, geht das bei drei bis vier Leisten ohne weitere Hilfsmittel noch ganz gut. Stellen Sie diese Wabenblöcke möglichst etwas abseits beiseite.

Wenn alle Leisten so mit Wildbau verbunden sind, dass man keine einzelnen Leisten herauslösen kann, könnten Sie auch versuchen, den kompletten Honigraum in einem Stück herauszuziehen. Legen Sie dazu ein Holzbrett hinter die Bienenkiste auf den Boden, auf das Sie dann den Wabenblock herausziehen können. Zu zweit geht es leichter, denn ein gefüllter Honigraum wiegt etwa 25 Kilogramm.

Nach der Entnahme der Waben schließen Sie die Bienenkiste wieder. Sie können sie gegebenenfalls noch einen Moment auf dem Rücken liegen lassen, bis sich die Bienen etwas beruhigt haben, und die Kiste später wieder in die normale Stellung umdrehen.

Nun widmen Sie sich den Wabenblöcken. Wenn die Waben leicht versetzt gebaut wurden, ist es unter Umständen möglich, sie mit dem Stockmeißel an der Basis von einer der Leisten frei zu schneiden, sodass die Waben noch an der anderen Leiste stabil hängen und daran festgehalten werden können. Andernfalls müssen Sie zwischen dem Übergang zur nächsten Trägerleiste die Wabe komplett mit dem Stockmeißel durchschneiden. Ziel sollte sein, die Wabe möglichst wenig zu verletzen, sodass die ansitzenden Bienen nicht im Honig festkleben und noch abgefegt werden können. Wenn Sie ein Wabenstück so frei schneiden konnten, dass es noch an einer Trägerleiste hängt, fegen Sie die Bienen wie gewohnt ab und stellen die Waben in die Erntebox. Bienen, die festkleben, werden später vor der Ernte von den Waben befreit.

Besonders beim Einsatz von Anfangsstreifen kann es passieren, dass die Bienen beim Wabenbauen auf eine andere Trägerleiste wechseln, dann aber gerade weiterbauen. Wenn sie das in einem größeren Bereich machen, sind alle Trägerleisten durch Waben verbunden und man kann sie nicht mehr einzeln herausnehmen. In dem Falle würde ich noch in der Bienenkiste die Waben jeweils an der Übergangsstelle mit dem Stockmeißel durchtrennen und dann die Leisten einzeln entnehmen und abfegen.

Das Problem beim Herausschneiden von Waben besteht darin, dass man die weichen, schweren Waben kaum anfassen kann, ohne dass man sie zerdrückt. Der aus den Druck- und Schnittstellen herauslaufende Honig verklebt die ansitzenden Bienen. Abhilfe schafft die Tortenheber-Methode, bei der Sie zu zweit sein müssen. Damit können Sie auch Waben direkt aus der Bienenkiste herausschneiden, unabhängig davon, ob überhaupt Trägerleisten eingesetzt worden sind oder die Bienen ganz frei gebaut haben. Sie benötigen dafür ein langes, stabiles Messer, mit dem Sie die gesamte Honigwabe an der Basis durchtrennen, direkt nachdem Sie zuvor die Wabe an der Übergangszone zum Brutbereich durchtrennt haben. Wenn Sie kein entsprechend langes Messer haben, nehmen Sie den Stockmeißel und entnehmen Sie die Wabe in zwei Schritten nacheinander.

Der Trick besteht darin, dass Sie das Messer bzw. den Stockmeißel nach dem Schnitt unter der Wabe belassen. Halten Sie die Waben mit der anderen Hand aufrecht und nehmen Sie das Wabenstück wie mit einem Tortenheber heraus. Ihr Partner fegt nun die Bienen von beiden Seiten gründlich ab. Danach legen Sie das Wabenstück vorsichtig in Ihre Erntebox. Es wird vermutlich noch die eine oder andere ansitzende oder festklebende Biene geben, die Sie im zweiten Schritt vor dem Kleinhacken der Waben herunterlesen können.

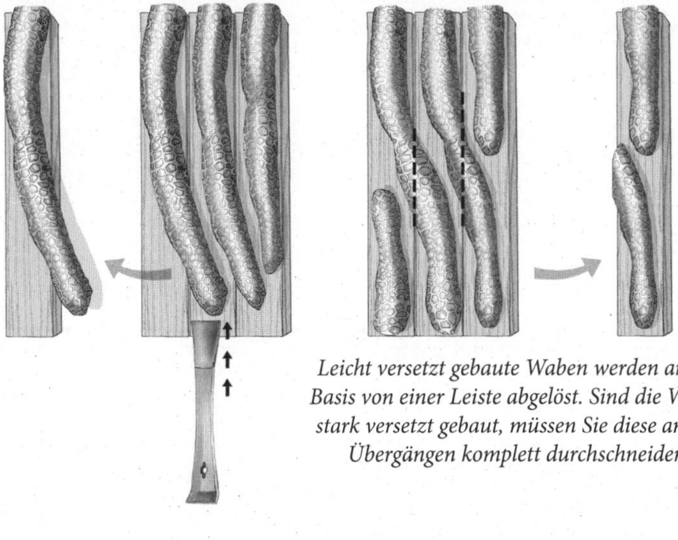

Leicht versetzt gebaute Waben werden an der Basis von einer Leiste abgelöst. Sind die Waben stark versetzt gebaut, müssen Sie diese an den Übergängen komplett durchschneiden.

Bienengesundheit

Bei der Bienenkiste beruht das Behandlungskonzept gegen die Varroamilbe auf folgenden Säulen:

- Varroadiagnose mit Puderzucker,
- ein bis zwei Ameisensäurebehandlungen zwischen Ende Juli und Mitte September,
- Restentmilbung mit Oxalsäure in der brutfreien Zeit.

Ein häufiger Fehler von Anfängern besteht darin, das Varroaproblem zu unterschätzen. Die Entwicklung der Milbe im Spätsommer ist so dynamisch, dass ein Bienenvolk, das auf den ersten Blick gesund und kräftig wirkt, ein paar Wochen später schon nicht mehr da ist – so wirkt es zumindest. Wenn das Volk dann gestorben ist, fängt das Rätselraten an: Was war die Ursache? Was habe ich falsch gemacht? Mit der Puderzuckerdiagnose haben Sie ein einfaches Mittel, jederzeit die Milbenbelastung zu bestimmen. Nutzen Sie diese Möglichkeit! Und Sie sollten Ihren eigenen Ergebnissen nicht blind vertrauen. Wenn Sie keine Milben finden, kann das auch bedeuten, dass bei der Diagnose etwas falsch gelaufen ist oder dass die Bienenprobe nicht repräsentativ war. Wiederholen Sie sie, bevor Sie folgenschwere Entscheidungen treffen und z. B. auf eine Ameisensäurebehandlung verzichten, weil die Milbenbelastung mutmaßlich sehr gering ist.

Es ist möglich, auf die Ameisensäurebehandlung im August zu verzichten, wenn die Milbenbelastung entsprechend gering ist. Das sollte man besonders bei frisch einlogierten Schwärmen erwarten können. Diese Behandlung stellt eine Belastung für das Bienenvolk dar, und generell sollte man auf überflüssige Behandlungen verzichten. Sie schwächen das Bienenvolk, ohne einen Nutzen zu haben. Dennoch rate ich Anfängern in den ersten beiden Jahren, auf jeden Fall einmal im Jahr mit Ameisensäure zu behandeln. Die Gefahr ist zu groß, dass Sie als Anfänger das Thema noch nicht vollständig überblicken und sich in falscher Sicherheit wiegen. Außerdem sollten Sie auf jeden Fall die weitere Milbenbelastung im Blick behalten

Varroadiagnose mit Puderzucker

Entnehmen Sie der Bienenkiste etwa 50 Gramm Bienen (am Boden ansitzende Bienen abstoßen), schütten Sie diese in einen Schüttelbecher, der mit einem Gitter verschlossen ist, und geben Sie etwa drei gehäufte Esslöffel gut gesiebten, trockenen Puderzucker hinzu. Schütteln Sie leicht, dass sich der Puderzucker gut verteilt, und anschließend schütteln Sie den gesamten Puderzucker durch das Gitter heraus. Sieben Sie den Puderzucker entweder durch ein ganz feines Sieb oder lösen ihn in Wasser auf, um die Varroamilben erkennen zu können.

Handlungsbedarf (bezogen auf 50 g Bienen)	**Juli**	**August**	**September**
Volk vorerst ungefährdet	< 5 Milben	< 10 Milben	< 15 Milben
Behandlung in nächster Zeit erforderlich	5 – 25 Milben	10 – 25 Milben	15 – 25 Milben
Schadschwelle überschritten, unverzüglich behandeln!	über 25 Milben		

(Varroadiagnose mit Puderzucker nach: Bieneninstitut Kirchhain)

Die Bienen werden im Schüttelbecher mit Puderzucker bestäubt. Durch das Gittergewebe wird der Zucker mitsamt den aufsitzenden Varroamilben herausgeschüttelt.

und bis Mitte September mindestens noch zwei Mal eine Puderzuckerdiagnose durchführen. Die erste Ameisensäurebehandlung könnte einen schlechten Wirkungsgrad gehabt haben.

Zu den unterschätzten Problemen gehört außerdem die Reinvasion: Gesunde, starke Bienenvölker räubern an Varroose sterbende Bienenvölker im Flugradius aus. Die Milben verwenden die Räuberbienen als »Taxi«, und in kürzester Zeit kann ein relativ milbenfreies Volk wieder mit Tausenden Varroamilben belastet sein und eine zweite Ameisensäurebehandlung ist geboten.

Eine hohe Varroabelastung, die sofortiges Handeln gebietet, können Sie den Bienen auch direkt ansehen. Die Milben begünstigen die Ausbreitung von virusbedingten Krankheiten, deren Folgen deutlich sichtbar sind:

- ▷ **Bienen mit verkürztem Hinterleib:** Normalerweise ragt der Hinterleib unter den Flügelkanten heraus. Wenn der Hinterleib mit den Flügelkanten abschließt oder sogar noch kürzer ist, dann ist die Biene bereits geschädigt.
- ▷ **Haarlose, schwarze Bienen:** Wenn Bienen ihre Haare verlieren, sehen sie schwarz und glänzend aus. Das kann ein Zeichen für den Chronischen Bienen-Paralyse-Virus (CBPV) sein, sofern die Flügelkanten intakt sind. Auch alte, abgearbeitete Bienen können schwarz aussehen. Diese haben dann aber ausgefranste Flügelkanten.
- ▷ **Flugunfähige, zitternde Bienen** können ein Hinweis auf das Chronischen Bienen-Paralyse-Virus (CBPV) oder das Akute Bienen-Paralyse-Virus (ABPV) sein.
- ▷ **Bienen mit verkrüppelten Flügeln** sind durch den Flügeldeformationsvirus *(deformed wing virus,* DWV) geschädigt.
- ▷ **Bienen mit aufsitzenden Milben** deuten ebenfalls auf eine sehr hohe Milbenbelastung hin. Die Milben sitzen normalerweise geschützt zwischen den Bauchschuppen der Biene. Wenn sie auf dem Rücken zu beobachten sind, dann ist der Bauch wahrscheinlich schon besetzt und die Biene trägt bereits mehrere Milben mit sich herum.

Wenn Sie ein Bienenvolk im Endstadium einer Varroose füttern, können Sie beobachten, dass viele Bienen im Futter ertrinken oder das Futter verweigern. Futterverweigerung alleine ist aber kein Zeichen für Varroose, sondern kann andere Ursachen haben (zu kalt, ungeeignetes Gefäß, gute Tracht). Stark befallene Völker können sich nicht mehr gut verteidigen. Wenn es einen starken Wespenbefall trotz eingeengtem Flugloch gibt, ist dies auch ein Warnsignal. Bienenvölker sterben normalerweise nicht durch Wespen. Ursache ist die Varroamilbe. Wespen verwerten nur die Reste.

Den Grundstein für gesunde Völker im kommenden Jahr legen Sie mit der Restentmilbung mit Oxalsäurelösung in der brutfreien Zeit. Die Behandlung ist einfach durchzuführen und hat einen guten Wirkungsgrad. Sie träufeln die 3,5-prozentige Oxalsäure-Zucker-Lösung gleichmäßig verteilt auf die Bienen in den Wabengassen. Ideal sind Außentemperaturen von 0 bis 5 Grad Celsius.

Das Problem verbirgt sich im Wort »brutfrei«. Das Volk sollte brutfrei sein, damit die Behandlung einen optimalen Wirkungsgrad hat. Wegen der immer wärmeren Winter ist es gar nicht so einfach, den richtigen Zeitpunkt abzupassen. Sie können sich an folgenden Faustregeln orientieren: Drei Wochen nach den ersten richtigen Nachtfrösten können Sie davon ausgehen, dass die Bienenvölker brutfrei sind. Spätestens in der zweiten Januarwoche brüten die Völker normalerweise wieder. Die größte Wahrscheinlichkeit für Brutfreiheit liegt in der Woche um Weihnachten.

Sie können sich letzte Gewissheit mit einem digitalen Bratenthermometer verschaffen. Wenn Sie das Bienenvolk zur Oxalsäurebehandlung öffnen, messen Sie im Zentrum des Bienensitzes mit dem Bratenthermometer die Temperatur in der Wabengasse. Stecken Sie den Sensor möglichst weit hinein. Bei Temperaturen unter 30 Grad Celsius können Sie davon ausgehen, dass das Volk brutfrei ist, bei Temperaturen über 30 Grad Celsius brütet es noch. Auch hier gilt: Wenn das Thermometer weniger als 30 Grad Celsius anzeigt, sollten Sie an einer anderen Stelle eine zweite Messung durchführen, um ganz sicher zu sein.

(Fast) ohne technische Geräte kommt die Kontrolle des Bienenkistenbodens aus. Öffnen Sie die Spannverschlüsse, lösen Sie den Boden mit dem Stockmeißel und heben Sie den Korpus der Kiste vorne etwas an, sodass Sie auf den Boden schauen können. Da es schwierig ist, die relativ schwere Kiste gleichzeitig anzuheben und auf den Boden zu schauen, machen Sie das am besten zu zweit oder Sie stecken zwei Holzklötze in den Spalt. Eine Taschenlampe hilft, besser zu sehen. Wenn Sie auf dem Boden Wachsschüppchen, verlorene Eier, braune flauschige Krümel oder helle Varroamilben sehen, dann brütet das Volk noch. Sie können aber nur dann eine sichere Aussage treffen, wenn Sie den Boden einige Tage vorher mit dem Bienenbesen gereinigt haben. Bei der Gelegenheit könnten Sie dort, wo sich der Bienensitz befindet, einen Bogen dünnen, hellen Karton als Bodeneinlage hineinlegen und einige Tage später zur Begutachtung wieder entnehmen.

Aber selbst, wenn die Völker nicht sicher brutfrei sind, sollten Sie um Weihnachten herum die Behandlung durchführen. Aktuelle Untersuchungen deuten darauf hin, dass die Behandlung dann trotzdem einen ausreichenden Wirkungsgrad erzielen kann.

Wenn das Volk sehr klein eingewintert wurde (drei Wabengassen besetzt oder weniger), sollten Sie auf die Oxalsäurebehandlung verzichten, denn sie stellt eine Belastung für das Bienenvolk dar. Wenn das Volk den Winter überlebt, sollten Sie es im kommenden Jahr besonders gut im Blick behalten und nach Möglichkeit für eine Brutunterbrechung sorgen. Sie könnten Schwarmstimmung provozieren, indem Sie den Honigraum gar nicht eröffnen oder frühzeitig einen Trommelschwarm machen (siehe Seite 119).

Sie sollten Ihr Bienenvolk niemals hungern lassen. Als Faustregel gilt, dass zu jedem Zeitpunkt mindestens fünf Kilogramm Vorräte im Volk sind. Hungernde Völker legen große Entfernungen zurück und nehmen jede Gelegenheit wahr, um an Futter zu kommen. Finden Sie ein krankes oder schwaches Bienenvolk, wird es ausgeräubert. Jedes Bienenvolk kann zum Räuber werden. Wenn es aber hungert, vergrößert es seinen Flugradius und findet auf diesem

Wege mehr potentielle Opfer. Das Räubervolk holt sich damit die Krankheiten des Opfers in seinen Stock. Es kann zur Reinvasion mit Varroamilben kommen und auch zur Ansteckung mit Amerikanischer Faulbrut. Eine plötzliche unerwartete Gewichtszunahme eines Bienenvolks ab August kann auf Räuberei hinweisen und sollte Sie veranlassen, das Volk besonders gut im Auge zu behalten.

Wenn Sie im Herbst eine Futterkranzprobe Ihrer Bienenvölker untersuchen lassen, helfen Sie mit, Faulbrutherde im Flugradius Ihrer Bienen zu entdecken. Eine geringe Belastung mit Sporen würde auf einen Infektionsherd im Flugradius der Völker hinweisen und hilft der Veterinärbehörde so, die Quelle zu finden. Entnehmen Sie die Probe erst am Ende der Saison im September. So wird eventuell geraubtes Futter von anderen Völkern gleich miterfasst und die Untersuchung liefert nicht nur Aussagen über Ihre eigenen Bienenvölker, sondern auch über alle Bienenvölker im Flugradius.

Futterkranzprobe

Schneiden Sie ein Stück honiggefüllte Wabe aus jedem Bienenvolk heraus. Das geht am einfachsten, wenn Sie das Trennschied herausnehmen und mit dem Stockmeißel von hinten ein etwa 10 bis 20 Zentimeter großes Stück Wabe herausschneiden (siehe »Tortenheber-Methode« auf Seite 131). Schaben Sie den Honig mit einem Esslöffel aus der Wabe und füllen ihn in einen unbenutzten Gefrierbeutel. Verschließen Sie ihn sorgfältig und schicken ihn an die zuständige Stelle (Veterinärbehörde, Gesundheitsamt, Länderbieneninstitut – erkundigen Sie sich bei der Veterinärbehörde oder dem örtlichen Imkerverein).

Auf den Beutel und das formlose Anschreiben gehören folgende Daten:

- Anzahl der Bienenvölker, aus denen Sie Proben entnommen haben. (Sie können den Honig von bis zu sechs Völkern an einem Bienenstand als Sammelprobe einreichen.)
- Ihr Name und Ihre Anschrift
- Standort der Völker und Registriernummer bei der Veterinärbehörde

Die häufigste Todesursache zwischen Spätsommer und Frühjahr ist Varroose. Es macht wenig Sinn, sich über andere Ursachen Gedanken zu machen, wenn Sie dies nicht zuvor ausgeschlossen haben. Wenn Sie die Brutwaben eines gestorbenen Volks aus der Bienenkiste herausnehmen, können Sie vielleicht helle, weiße Varroa-Kothäufchen an der Unterseite der Zellen sehen, die ein untrügliches Zeichen für eine hohe Varroabelastung sind. Aus den restlichen toten Bienen können Sie außerdem eine »Totenpyramide« legen. Nehmen Sie wahllos etwa 50 tote Bienen aus dem gestorbenen Volk und sortieren Sie diese in drei Gruppen, die Sie dann als Linien auf einem Blatt Papier auslegen. Ganz oben liegen alle normal aussehenden Bienen. Ganz nach unten legen Sie Bienen mit verkrüppelten Flügeln oder stark verkürztem Hinterleib. In die Mitte kommen Bienen mit leicht verkürztem Hinterleib, die Sie weder oben noch unten sicher einsortieren können. Wenn ein Varroaschaden vorliegt, hat das Ergebnis ein pyramidenförmiges Aussehen: viele geschädigte Bienen in der untersten Ebene, nur wenige gesunde in der Spitze. Bei anderen Todesursachen, wie z. B. Verhungern, Weisellosigkeit oder einem Vergiftungsschaden, wäre das Bild genau anders herum.

Bienen füttern

Das Betriebskonzept der Bienenkiste sieht vor, dass nur der Überschuss des Honigs geerntet wird, damit die Bienen auf ihrem eigenen Honig überwintern können. Viele Bienenkisten-Anfänger sind daher überrascht zu hören, dass es zu ihren Aufgaben gehört, die Futterversorgung ihrer Bienenvölker sicherzustellen. Sie denken sich vielleicht: »Hier blüht doch alles so schön und ich habe in diesem Jahr keinen oder kaum Honig entnommen, meinen Bienen muss es doch gut gehen!« Das kann sich als verhängnisvoller Irrtum erweisen, denn es ist keinesfalls sicher, dass ein Bienenvolk automatisch genug Vorräte für die Überwinterung sammeln kann. Und das hat nicht nur etwas mit den heutigen Umweltbedingungen zu tun. Prof. Seeley geht davon aus, dass in der Natur etwa 75 Prozent der Bienenvölker den ersten Winter nicht überleben. Diese Zahlen hatte er vor der Ausbreitung der Varroamilbe bei der Untersuchung wild lebender Bienenvölker ermittelt. Die wichtigste Todesursache in diesem Zusammenhang war das Verhungern.

Je früher im Jahr ein Volk schwärmt, desto besser kann der Schwarm die restliche Saison ausnutzen. Ein ungünstiger Start hemmt die Entwicklung des jungen Schwarms erheblich. Wesentliche Parameter für eine gute Volksentwicklung sind die Größe des Schwarms, der Schwarmzeitpunkt und die durchgängige Verfügbarkeit von Pollen und Nektar. Auch das Muttervolk, das einen Schwarm abgegeben hat, ist in seiner Entwicklung zurückgeworfen. Das ist ja auch der Hauptgrund, warum in der konventionellen Bienenhaltung der Schwarmtrieb unterdrückt wird. Plötzlich fehlen zehn- bis zwanzigtausend Bienen. Vielleicht gibt es noch Nachschwärme, die das Muttervolk zusätzlich schwächen.

Als langjähriger Bienenkisten-Imker habe ich die Erfahrung gemacht, dass selbst bei sehr guten Trachtbedingungen, wie sie in Hamburg oder Berlin herrschen, nur Völker, die nicht oder sehr früh geschwärmt sind, größere Honigüberschüsse sammeln können. Von entscheidender Bedeutung dabei ist eine gute späte Tracht, wie z. B. die Lindentracht. Die Frühtracht aus der Obstblüte wird zumeist in die Volksentwicklung gesteckt und in Brut umgesetzt. Eine frühe, ergiebige Obstblüte begünstigt ein frühes Schwärmen, sofern die Völker insgesamt eine gute Frühjahrsentwicklung genommen haben. Eine schlechte Überwinterung oder häufige Kälterückschläge im Frühjahr können die Entwicklung der Bienenvölker ebenfalls bremsen, was unter Umständen dazu führt, dass das Bienenvolk gar nicht in Schwarmstimmung kommt und dann aber dafür später die Lindentracht gut ausnutzen kann. Das Wechselspiel zwischen Volksentwicklung und Witterungsverlauf ist also gar nicht so einfach zu überblicken.

Außerhalb des urbanen Siedlungsraums in der industriellen Landwirtschaftswüste ist es für Bienen schwer, sich zu ernähren. Bestenfalls gibt es einmal eine kurze Zeit Massentracht, wie z. B.

Obst- oder Rapsblüte. Bienen brauchen aber innerhalb der Saison zwischen März und Oktober durchgängig Zugang zu Pollen und Nektar in ausreichenden Mengen. Eine Blumenwiese im eigenen Garten auszusäen oder in Blumenkästen insektenfreundliche Pflanzen aufzuziehen, ist eine schöne und auch wichtige Geste – das alleine ernährt aber kein Bienenvolk. Es muss viele Millionen Blüten besuchen, um überleben zu können. Die Sorge für eine blühende Landschaft ist daher auch eine gesamtgesellschaftliche Aufgabe.

Grüne Großstädte wie Hamburg und Berlin gelten als Bienenparadiese. Hier blüht immer etwas, und die Obstbäume in den Hausgärten und die Robinien- und Lindenalleen sorgen für reiche Nektarüberschüsse – sagt man. In der Praxis kann auch das anders aussehen. Ich habe es schon erlebt, dass selbst in Hamburg Schwärme durchgängig gefüttert werden mussten und auch manches Volk, das einen Schwarm abgegeben hatte, ohne Zuckerfütterung kaum über die Runden gekommen wäre. Ein Bienenvolk sollte immer mindestens fünf Kilogramm Vorräte haben. Sonst fängt es an, sein Brutgeschäft einzuschränken, um Reserven zu sparen, und gerät in eine verhängnisvolle Abwärtsspirale. Außerdem benötigt es mindestens 15 Kilogramm Winterfutter.

In der Bienenkiste können Sie jederzeit einfach Gewissheit haben, ob das Bienenvolk genügend Vorräte hat. Wiegen Sie die Kiste, indem Sie sie auf eine Personenwaage kippen. Ziehen Sie das Leergewicht der Bienenkiste und das Gewicht der Bienen und Waben ab und Sie wissen, wie viel Vorräte vorhanden sind. Es ist mir bewusst, dass es insbesondere für einen Anfänger nicht ganz leicht ist, das Thema »Varroamilben« in den Griff zu bekommen. Kein Verständnis habe ich aber dafür, wenn jemand sein Bienenvolk verhungern lässt.

Sterbehilfe

Es ist kein Zeichen für einem verantwortungsvollen, respektvollen Umgang mit Lebewesen, kranke, weisellose, schwache, nicht überwinterungsfähige Bienenvölker einfach so zugrunde gehen zu lassen, weil das der natürliche Lauf der Natur ist. Sie müssen bedenken, dass solche Bienenvölker Ansteckungsherde für andere Bienenvölker im Flugradius sein könnten. Auch bei Bienenvölkern, die ein aggressives, stechwütiges Verhalten entwickelt haben, müssen Sie eingreifen. Solche Bienenvölker können nicht in menschlichen Siedlungen gehalten werden. Manchmal steht man auch vor der Situation, eine Königin »übrig« zu haben oder vielleicht auswechseln (umweiseln) zu müssen. Ich möchte Ihnen zum Schluss ein paar praktische Tipps geben, wie Sie solche Situationen meistern können.

Im Umgang mit Stechmücken oder lästigen Fliegen haben Sie vielleicht schon einmal die Fliegenklatsche herausgeholt. Entsprechend ist es unter Imkern üblich, Königinnen, für die es kein Bienenvolk gibt, »abzudrücken«, also mit dem Daumen oder der gekröpften Seite des Stockmeißels das Brustsegment zu zerdrücken. Die Königin würde ohnehin sterben: entweder draußen verhungern oder von einem Vogel gefressen oder im Bienenstock »abgestochen« werden. Wenn Sie es nicht übers Herz bringen, die Königin zu zerdrücken, können Sie sie auch ins Gefrierfach geben und erfrieren lassen.

Sind die Bienen gesund, ist aber das Volk vielleicht weisellos oder zu klein, können Sie die Brutwaben einzeln entnehmen und die Bienen vor dem Bienenstand abfegen, sodass sie sich in Nachbarvölker »einbetteln« können. So verstärken Sie die anderen Bienenvölker an Ihrem Bienenstand und ersparen den Arbeiterinnen einen verfrühten Tod. Wenn Sie vorher viel Rauch geben, sodass die Bienen sich mit Honig vollsaugen, werden die abgefegten Bienen gut aufgenommen und eine solche Vereinigung läuft recht harmonisch ab.

Wenn eine Vereinigung nicht infrage kommt, könnten Sie die Bienen stattdessen in einen großen Eimer mit warmem Spülwasser fegen. Durch das Spülmittel hat das Wasser keine Oberflächenspannung mehr und die Bienen ertrinken augenblicklich. Sie können ein

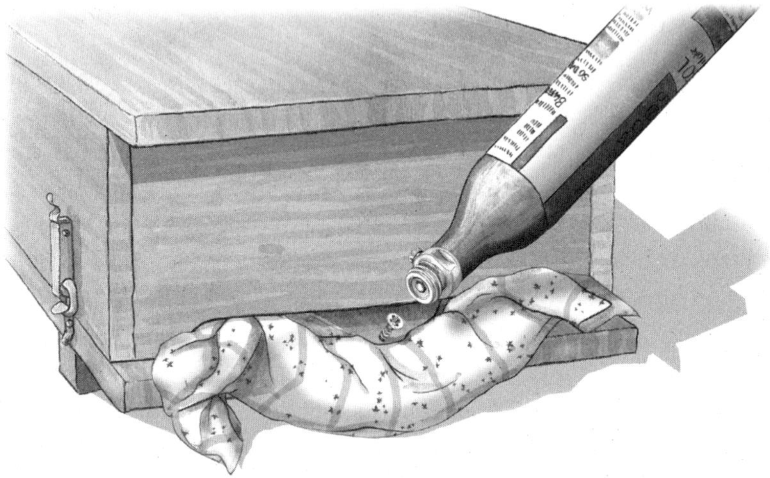

Die Kohlendioxidpatrone (für den Wassersprudler) kann auf eine Schraube aufgesetzt werden, um das Ventil zu betätigen. Wichtig ist, das Flugloch mit einem Tuch komplett abzudichten.

Bienenvolk auch in der besetzten Bienenkiste »einschläfern«. Das ist besonders dann zweckmäßig, wenn die Kiste sehr voll ist und wenn es darum geht, ein stechwütiges Volk oder ein mit Faulbrut belastetes Volk zu töten. Die Entnahme der Waben würde viel Unruhe mit sich bringen und viele Bienen würden auffliegen. Das übliche Verfahren nennt sich »abschwefeln«. Dazu werden Schwefelschnitten, die Sie im Imkerfachhandel beziehen können, im Innenraum der Bienenkiste abgebrannt, wobei Schwefeldioxid entsteht. Das Flugloch wird natürlich verschlossen. Dieses Verfahren beinhaltet eine gewisse Brandgefahr. Auch der Honig ist nicht mehr verzehrfähig. Alternativ kann auch Schwefeldioxid-Gas aus der Dose eingeleitet werden, das aber schwer zu bekommen ist. Das Schwefeldioxid wirkt unmittelbar auf den Organismus der Bienen und tötet auch die enthaltene offene und geschlossene Brut in den Zellen. Das Gas ist auch für Menschen giftig und Sie sollten verhindern, dass Sie die Gase einatmen.

Statt Schwefeldioxid können Sie auch Kohlendioxid verwenden, das die Bienen betäubt. Kohlendioxidpatronen werden für Wassersprudler eingesetzt und sind problemlos im Drogeriemarkt zu beschaffen. Um das Gas aus der Flasche in die Bienenkiste zu leiten, drehen Sie im Flugloch eine Kreuzschlitzschraube ein, auf der Sie das Kugelventil der Kohlendioxidpatrone aufsetzen können. Dann dichten Sie das Flugloch so ab, dass das Gas in die Bienenkiste strömt. Die Bienen fallen sofort in einen tiefen Narkoseschlaf, der bei Überdosierung tödlich enden kann, und fallen auf das Bodenbrett. Nehmen Sie den Korpus ab und schütten Sie die Bienen dann in einen Eimer mit warmem Spülwasser oder frieren Sie sie in der Kühltruhe ein. Wenn Sie ein Bienenvolk töten müssen, sollten Sie dies frühmorgens oder abends machen, wenn alle Bienen im Stock sind. Die verbliebenen Waben, die noch Brut enthalten, können Sie im Kompost untergraben.

Ich habe mich natürlich gefragt, ob es gut ist, das Buch mit so einem eher traurigen Thema enden zu lassen. Aber der Tod gehört nun einmal zum Lauf des Lebens und beendet dasselbe. Sie müssen damit rechnen, dass einzelne Bienenvölker den Winter nicht überleben oder durch Krankheit oder Weisellosigkeit in einen Zustand kommen, sodass ein imkerlicher Eingriff notwendig wird. Wesensgemäße Bienenhaltung bedeutet für mich, den Bienen viel Raum zu geben, ihren natürlichen Anlagen gemäß zu leben. Das darf aber nicht mit Passivität oder Nichtkümmern verwechselt werden. Ein guter wesensgemäßer Imker erkennt, wo es notwendig ist, beherzt und konsequent einzugreifen. Das Auflösen von kranken Bienenvölkern gehört dazu. Mir hilft es in solchen Situationen, die zum Glück eher selten sind, mir zu vergegenwärtigen, welch unbändige Kraft und Vitalität im Schwarm steckt. Bienenleben bedeutet aus dem Überfluss zu schöpfen.

Danksagung an inspirierende Lehrer und Wegbegleiter

Nachdem lange Zeit ein falsch verstandener Darwinismus unseren Blick auf die Natur geprägt hat, gewinnt heute der kooperative Aspekt immer mehr an Bedeutung. Wir lernen langsam zu verstehen, dass das Erfolgsgeheimnis der Natur nicht im Gegeneinander, sondern in der Kooperation liegt. Die Bienen sind dafür ein wundervolles Beispiel. Ich weiß aus meinen Kontakten zu vielen Hundert Anfängern, dass der Start mit der Bienenhaltung dann gut gelingt, wenn man in eine Gemeinschaft eingebunden ist, wenn man Vorbilder und Lehrer hat, wenn man sich gegenseitig unterstützt und manchmal auch ermahnt. Ich kann Sie daher nur ermutigen, Kurse zu besuchen, Kontakte zu erfahrenen Imkern zu knüpfen, in den örtlichen Imkerverein einzutreten oder vielleicht einen Bienenkisten-Stammtisch zu gründen.

Auch meinen Weg mit den Bienen haben vor allem Menschen geprägt. Es sind nicht alleine konkrete Ratschläge, die hängen geblieben sind. Ansteckend und prägend sind vor allem ihre Liebe zu den Bienen, ihre Begeisterung und ihre jeweilige Perspektive, mit der sie auf Biene, Mensch und Natur blicken. An dieser Stelle möchte ich drei Menschen besonders erwähnen, denen ich viel zu verdanken habe.

Thomas Radetzki kann als »Erfinder« der wesensgemäßen Bienenhaltung gelten. Er hat den Begriff und seine Bedeutung maßgeblich geprägt und Generationen von Imkern in den Kursen von Mellifera e. V. begeistert. Mich beeindrucken seine Konsequenz und Ernsthaftigkeit, sich auf allen Ebenen für die Bienen einzusetzen: Ausbildung, Forschung, Öffentlichkeitsarbeit und politisches Engagement. Seine Neugier und Offenheit haben zur Entwicklung der Bienenkiste geführt. Die Idee, das Konzept des Krainer Bauernstocks neu zu beleben, stammte von ihm. Die gesamte deutsche Imkerschaft, unsere Bienen und auch ich persönlich haben ihm viel zu verdanken!

Guido Eich ist Bienenzuchtberater am LAVES-Institut für Bienenkunde in Celle. Seine Vorträge und Kurse zum »Spuren lesen am Flugloch« und zur Bienengesundheit sind nicht nur sehr lehrreich, sondern auch unterhaltsam und haben mir viele wertvolle Anregungen geliefert. Einige praktische Ratschläge in diesem Buch stammen von ihm. Ich schätze seine gradlinige und undogmatische Art, sich Themen und Menschen zu nähern, und bin dankbar für seine Unterstützung. Wenn Sie die Möglichkeit haben, sollten Sie einmal einen seiner Kurse, die er in ganz Deutschland hält, besuchen.

Gunnar Weidt begleitet das Bienenkisten-Projekt von Anfang an. Seine Begeisterung und Neugier und seine kreative Art, mit dem Lebewesen Bien umzugehen, sind eine große Bereicherung für mich und das gesamte Bienenkisten-Projekt. Viele Details in der Betriebsanleitung der Bienenkiste haben wir gemeinsam entwickelt, erprobt und zur Praxisreife gebracht. Gunnar möchte ich als meinen »Imkerbruder« bezeichnen. (»Imkerpate« ist nicht ganz treffend, da wir ungefähr zur gleichen Zeit angefangen haben, Bienen zu halten.)

Der Autor

Erhard Maria Klein lebt und imkert in Hamburg. Er ist Projektleiter der Initiative »Die Bienenkiste« des ökologischen Imkerverbands Mellifera e. V. Gemeinsam mit Imkermeister Thomas Radetzki hat er die Bienenkiste entwickelt, um wieder mehr Menschen für die Bienenhaltung zu begeistern. Der Imker betreut das Internetportal www.bienenkiste.de, das neben praktischem Wissen auch Bienenschwärme vermittelt und für eine regionale Vernetzung von Bienenkisten-Imkern und Imkerlotsen sorgt. Hauptberuflich erstellt und realisiert er Internetauftritte für kirchliche Einrichtungen und Nichtregierungsorganisationen.

Ein besonderes Erlebnis: Einzug der Bienen in ihr neues Heim (Foto F. Berghausen)

Ihre Erlebnisse und Erfahrungen …

… interessieren uns sehr.

Liebe Leserin, lieber Leser, wir sind gespannt, welche Erfahrungen Sie mit der Bienenkiste machen und warum Sie sich für die wesensgemäße Bienenhaltung interessieren.

Wenn Sie bereits eine Bienenkiste haben, schicken Sie uns doch einfach ein Foto Ihrer Bienenkiste in Ihrem Garten, auf Ihrer Wiese oder Terrasse und schreiben Sie uns, was Sie mit den Bienen erleben.

Besonders interessiert uns, was Sie motiviert hat, selbst mit der Bienenhaltung zu beginnen und woher Sie Ihren ersten Bienenschwarm bekommen haben. Wichtig wäre uns auch, zu erfahren, wo Sie Unterstützung durch erfahrene Imker gefunden haben – bei einem anderen Bienenkistenimker, im örtlichen Imkerverein oder einem Bienenhalter in der Nachbarschaft.

Als Dankeschön für die Zusendung eines Fotos erhalten Sie ein Buch aus unserem Programm (bitte gewünschten Titel angeben).

Wir freuen uns über Ihre Anregungen, Ideen und Kritik!

Unsere Adresse:
pala-verlag, Rheinstraße 35, 64283 Darmstadt
www.pala-verlag.de
E-Mail: info@pala-verlag.de

Personen- und Sachregister

Adressen

Projekt »Die Bienenkiste«
Kielkamp 35
22761 Hamburg
www.bienenkiste.de

Demeter e.V.
Brandschneise 1
64295 Darmstadt
www.demeter.de

Deutscher Imkerbund e.V.
Villiper Hauptstraße 3
53343 Wachtberg
www.deutscherimkerbund.de

Mellifera e.V. – Vereinigung für wesensgemäße Bienenhaltung
Lehr- und Versuchsimkerei Fischermühle
72348 Rosenfeld
www.mellifera.de

Österreichischer Imkerbund
Georg-Coch-Platz 3/11a
1010 Wien
www.imkerbund.at

BienenSchweiz
Imkerverband der deutschen und rätoromanischen Schweiz
(ehemals VDRB)
Jakob-Signer-Strasse 4
9050 Appenzell
www.bienen.ch

Informationen im Internet

Umfangreiches Informationsportal zur Bienenkiste:
www.bienenkiste.de

Bienenkiste selbst bauen: www.bienenkiste.de/teileliste

Vermittlung von Bienenschwärmen: www.schwarmboerse.de

Bienenweide: www.bluehende-landschaft.de

Varroadiagnose mit Puderzucker: www.bienenkiste.de/puderzucker

Schadstoffbelastung im Stadthonig: www.bienenkiste.de/stadthonig

Monatsbetrachtungen von Guido Eich:
www.bienenkiste.de/guido-eich

Bienenforschung von Prof. Randolf Menzel:
Zeit-Magazin Nr. 2/2015, Stefan Kleins Wissenschaftsgespräche: »Die Biene weiß, wer sie ist« www.zeit.de/zeit-magazin/2015/02/bienen-forschung-randolf-menzel

Bezugsquellen

Bienenkiste kaufen (Bausatz und komplett):
www.bienenkiste.de/kaufen

Adressen vom Imkerfachhandel:
www.bienenkiste/imkerfachhandel

Ameisensäure, Oxalsäure:
Bezug über Apotheke, Tierarztpraxis oder Imkervereine (Ameisensäure zusätzlich auch über den Imkerfachhandel)

Nassenheider Verdunster:
www.nassenheider.com

Zum Weiterlesen

Joachim Bauer: **Prinzip Menschlichkeit.** Warum wir von Natur aus kooperieren. Heyne Verlag

Martin Dettli, Rudolf Steiner: **Die Welt der Bienen.** Ausgewählte Texte. Rudolf Steiner Verlag

Kerstin Eitner, Katja Morgenthaler: **Die Biene – Eine Liebeserklärung.** Greenpeace magazin edition

Ferdinand Gerstung: **Der Bien und seine Zucht.** Fachbuchverlag-Dresden

Ferdinand Gerstung: **Glaubensbekenntnis eines Bienenvaters.** Verlag von Paul Waetzel (nur antiquarisch erhältlich)

Erhard Maria Klein: **Die Bienenkiste.** pala-verlag

Maurice Maeterlinck: **Das Leben der Bienen.** Unionsverlag

Wolfgang Ritter: **Bienen naturgemäß halten.** Verlag Eugen Ulmer

Thomas Seeley: **Bienendemokratie.** Verlag S. Fischer

Jürgen Tautz: **Phänomen Honigbiene.** Spektrum akademischer Verlag

Johann Thür: **Bienenzucht.** Naturgerecht, einfach und erfolgssicher. Verlag Friedrich Stock's Nachf. Karl Stropek (nur antiquarisch erhältlich)

Johannes Wirz: **Bienen verstehen, wesensgemäß imkern.** In: Elemente der Naturwissenschaft, Ausgabe 101, 2014, Seite 92ff.

Zum Betrachten

Video-Clips zur Bienenkiste:
www.bienenkiste/videos

Trommelschwarm:
www.bienenkiste.de/trommelschwarm

Königin im Blumentopf:
www.bienenkiste.de/blumentopf

Mellifera e. V.

Initiativen für Biene, Mensch, Natur

Ohne Honig- und Wildbienen können wir Menschen nicht leben. Sie bestäuben die Mehrzahl aller Wild- und Nutzpflanzen und sorgen so für die Artenvielfalt auf unserer Erde. Jeder dritte Bissen unseres Essens ist von den Bienen abhängig.

Der gemeinnützige Verein Mellifera e. V. ist Pionier für ökologische und wesensgemäße Bienenhaltung und setzt sich für den Schutz der Bienen ein. Er gibt Einblick in die faszinierende Welt der Bienen und sorgt für eine politisch-gesellschaftliche Debatte über die Bienen, ihren Nutzen und ihre Gefährdung.

Seit 1985 werden in der vereinseigenen Lehr- und Versuchsimkerei neue ökologische Konzepte für die Imkerei entwickelt und erprobt, um die Gesundheit der Bienen langfristig zu stärken. Das Wissen wird in zahlreichen Seminaren an Interessierte weitergegeben.

Um die Bienen zu schützen, reicht es jedoch nicht mehr, nur den Blick auf die Bienen im Bienenkasten zu haben, zudem sind auch viele andere blütenbestäubende Insekten auf Hilfe angewiesen. Mellifera e. V. gründete deshalb verschiedene Initiativen:

Mit dem Netzwerk **Blühende Landschaft** soll unsere Kulturlandschaft wieder bunter werden, sodass Bienen, Hummeln, Schmetterlinge & Co. wieder mehr Nahrung finden.
Mit der Initiative **»Bienen machen Schule«** werden Lehrer und Imker zusammengebracht, um bereits Kinder und Jugendliche für das Thema Bienen und Biodiversität zu sensibilisieren.
Zusammen mit anderen Imker- und Naturschutzverbänden setzt sich Mellifera e. V. im **»Bündnis zum Schutz der Bienen«** vor Gericht gegen die negativen Auswirkungen der Agrarindustrie durch Pestizide und Gentechnik ein.

Sie möchten mehr erfahren, worauf unsere Bienen und wir fliegen? Vielleicht möchten Sie selbst aktiv für die Bienen werden, uns mit einer Spende oder Mitgliedschaft unterstützen? Summen Sie mit! Weitere Infos: www.mellifera.de

Mellifera e. V.
Fischermühle 7
72348 Rosenfeld
Tel.: + 49 7428 / 945 249-0
mail@mellifera.de

Lebensraum Garten

Wolf Richard Günzel:
Das Insektenhotel
ISBN: 978-3-89566-385-7

Erhard Maria Klein:
Die Bienenkiste
ISBN: 978-3-89566-309-3

Sigrid Tinz:
Haufenweise Lebensräume
ISBN: 978-3-89566-389-5

Werner David:
Lebensraum Totholz
ISBN: 978-3-89566-270-6

Natur erleben

Dirk. A. Diehl:
Ein Garten für Fledermäuse
ISBN: 978-3-89566-311-6

Peter Wohlleben:
Bäume verstehen
ISBN: 978-3-89566-365-9

Uwe Westphal:
Schräge Vögel
ISBN: 978-3-89566-342-0

Klaus Richarz:
Vögel in der Stadt
ISBN: 978-3-89566-343-7

Praxiswissen für den Garten

Irmela Erckenbrecht:
Duftoase Kräuterspirale
ISBN: 978-3-89566-344-4

Ulrike Aufderheide:
Schöne Wege im Naturgarten
ISBN: 978-3-89566-340-6

Paula Polak:
Regenwasser im Garten nachhaltig nutzen
ISBN: 978-3-89566-285-0

Brigitte Kleinod:
Grüne Wände für Haus und Garten
ISBN: 978-3-89566-339-0

ISBN: 978-3-89566-341-3

Rheinstraße 35, 64283 Darmstadt
www.pala-verlag.de
3. Auflage 2020

Umschlag- und Innenillustrationen:
Karin Bauer (www.karin-bauer.com)
Technische Zeichnung nach 3-D-Modell von Christoph Heeckt
Lektorat: Barbara Reis
Satz und Gestaltung: Die Werkstatt Medien-Produktion GmbH

Druck und Bindung: Druckhaus Nomos, Sinzheim
www.nomos-druck.de
Printed in Germany

Gedruckt auf
100% Recyclingpapier